John W. R. Taylor/
Gordon Swanborough

Die Zivilflugzeuge der Welt

MOTORBUCH VERLAG STUTTGART

Zeichnung des Schutzumschlags: Carlo Demand.
Umschlagkonzeption: Siegfried Horn

Die englische Ausgabe ist erschienen im Verlag Ian Allan Ltd, Shepperton/Großbritannien, unter dem Titel CIVIL AIRCRAFT OF THE WORLD

Die Übersetzung ins Deutsche besorgte
Hans-Georg Schimkus

Der Schutzumschlag zeigt folgende Flugzeugtypen:

Aero Commander 1121 Jet Commander

Boeing 707-320 | **VFW-FOKKER 614** | **Beechcraft 8,55 Baron**

Boeing 747-130 | **Learjet 23** | **Boeing 737**

Airbus A 300

Aerostar

BAC/Aérospatiale Concorde

ISBN 3-87943-466-2

1. Auflage 1977

Satz und Druck: Rudloff, 7141 Ensingen
Bindung: IDUPA GmbH, 7311 Owen/Teck
Printed in Germany

Inhalt

Einführung

Wenige Tage nach dem Entschluß, eine Neuauflage von »Zivilflugzeuge der Welt« herauszugeben, brach die Energiekrise aus. Die Kraftstoffeinsparungsmaßnahmen der Regierungen auf beiden Seiten des Atlantik richteten sich bevorzugt gegen die Sonntags- und Geschäftsfliegerei. Die Luftfahrtgesellschaften begannen, die kraftstoffdurstigen Düsenmaschinen durch ältere Turboprobflugzeuge oder sogar kolbenmotorgetriebene Baumuster auf jenen Strecken zu ersetzen, wo Einschränkungen der Fluggeschwindigkeit und Zuladung nicht so gravierend erschienen. Diejenigen, die jahrelang dem **Concorde**-Programm den Tod herbeigewünscht hatten, glaubten nun, daß der hohe Kraftstoffbedarf dieses Überschall-Verkehrsflugzeuges zu seinem letzten Sargnagel werden würde.
Schließlich zweifelte niemand die Überlegung an, daß man mit den kostbaren, schwindenden Kraftstoffreserven sparsam umzugehen habe. Die anfängliche Panikstimmung ging jedoch schnell vorüber. Es war für die Fachleute einfach nachzuweisen, daß die großen breitrümpfigen Boeing 747, DC 10 und TriStars, der neue europäische Airbus A 300 und andere Verkehrsmaschinen mit Turbofan-Antrieb in jeder Hinsicht weitaus wirtschaftlicher sind, als die sie ersetzenden Baumuster. Außerdem sind sie mit ihren leiseren und emissionsärmeren Triebwerken »umweltfreundlich«. Auch die **Concorde** wollte nicht kampflos aufgeben. Selbst ihre Gegner müssen beeindruckt gewesen sein, als eine **Concorde** die Flugstrecke von Boston, USA, nach Paris und zurück – mit längerem Aufenthalt in Paris – schneller bewältigte als eine zur gleichen Zeit in Paris gestartete 747 die einfache Atlantiküberquerung in Westrichtung. So ist trotz der Anfangsschwierigkeiten bei der Festlegung des Inhalts dieser Ausgabe die **Concorde** noch immer berücksichtigt. Statt dessen sind es – ganz logisch – die alten, früher einmal bevorzugten Flugzeuge, die weggelassen wurden. Die Bristol-Frachtflugzeuge leisten bei der SAFE Air

zwischen der Nord- und der Südinsel von Neuseeland weiter gute Dienste. Andererorts jedoch blieben so wenige dieser Maschinen im Einsatz, daß ein Platz für dieses Pionier-Fährflugzeug in unserem Buch nicht mehr gerechtfertigt ist. Dasselbe gilt für die **Britannia,** die **An-10** (welche von der Aeroflot außer Dienst gestellt wurde), und die **Constellation.** Wie immer blieb die **DC-3,** ein Vierteljahrhundert, nachdem alle Flugzeughersteller emsig damit beschäftigt waren, »DC-3 Nachfolgemuster« zu entwerfen, die es nie geben kann.

Anstelle der außer Dienst gestellten Veteranen haben wir alle neuen Flugzeuge aufgenommen – dazu einen völlig neuen Abschnitt. So enthält »Zivilflugzeuge der Welt« jetzt die größeren privatbetriebenen Hubschraubertypen.

Unser Dank gilt allen, die diese neue Ausgabe durch Beiträge von Fakten, technischen Daten und Fotos möglich machten – nicht zuletzt Dennis Punnett, der wieder die Flugzeugsilhouetten (Pilot Press Copyright) zeichnete.

Teil Eins

Größere Verkehrsflugzeuge im Liniendienst und in der Entwicklung

Aero Spacelines Guppies USA

Die Aero Spacelines Inc. rief den Plan ins Leben, übergroße Baugruppen für die Raumfahrt in Umbauten der Boeing 377 »Stratocruiser« mit vergrößertem Rumpf zu transportieren. Der erste Umbau basierte auf einer Standard-Stratocruiser, deren Rumpf um 5,08 m verlängert und nach oben so erweitert wurde, daß eine lichte Höhe von 6,20 m entstand. Dieses Flugzeug wurde als die B-377PG »Schwangere Guppy« bekannt und machte am 19. September 1962 seinen Erstflug. Die B-377SG Super Guppy basierte auf der C-97J mit vier T34-P-7WA Propellerturbinen von 7000 PS Wellenleistung. Der Rumpf dieser Maschine war noch mehr nach oben blasenförmig erweitert, um Teilstücke für Startraketen von bis zu 7,62 m Durchmesser aufnehmen zu können. Die Spannweite wurde um 4,57 m vergrößert, und der Rumpf um 9,40 m verlängert. Der Erstflug der Super Guppy fand am 31. August 1965 statt.

Die Guppy-201 hatte ähnliche Gesamtabmessungen und wurde von Allison 501-D22C Propellerturbinen angetrieben. Sie ist die »Serien«-Version der Super Guppy, obwohl sie noch auf Bauteilen der bestehenden Boeing 377/C-97 basiert. Das erste Exemplar flog am 24. August 1970. Eine weitere Variante war die von R-4360-B6 Kolbenmotoren angetriebene B-377MG Mini Guppy, deren Prototyp am 24. Mai 1967 flog. Der Rumpf war länger und breiter als der Grundtyp der Boeing 377, auf dem sie basierte. Eine weitere Variante war die Guppy-101 mit aufklappbarem Rumpfbug und Allison 501-D22C Triebwerken. Das einzige Exem-

Übergroßes Frachtflugzeug im Einsatz
Die technischen Daten gelten für die Guppy-201
Photo: Guppy-201
Silhouette: Guppy-201

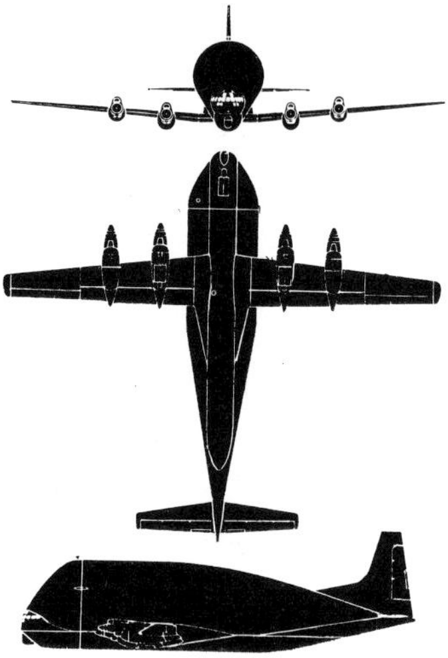

Unterbringung: Besatzung 3–4
Antrieb durch: 4 Allison 501-D22C Propellerturbinen mit 4912 Wellen-PS
Spannweite: 47,62 m
Länge: 43,84 m
Fluggewicht: 77110 kg
Reisegeschwindigkeit: 407 km/h
größte Zuladung: 24494 kg
Reichweite: 815 km mit max. Zuladung

plar flog am 13. März 1970. Verschiedene Guppy-Versionen waren vertraglich dazu bestimmt, Bauteile der DC-10 und TriStar zwischen den einschlägigen Produktionszentren und den Fließbändern innerhalb der USA zu überführen, sie wurden jedoch 1973 außer Dienst gestellt. Zwei von der Aérospatiale gekaufte Guppy-201 wurden von der Aéromaritime geflogen und dienten zur Unterstützung der Airbus A 300B und Concorde Programme in Europa.

Aérospatiale N.262 und Frégate **Frankreich**

Der ursprüngliche, von Max Holste entwickelte Prototyp MH-250 Super Broussard hatte quadratischen Rumpfquerschnitt und besaß keine Druckkabine. Er wurde von zwei Wasp Kolbenmotoren angetrieben. Nach dem Erstflug am 20. Mai 1959 folgte ein zweiter Prototyp mit der Bezeichnung MH-260 am 29. Juli 1960. Diese Maschine wurde von Bastan IV Propellerturbinen (986 PS Wellenleistung) angetrieben und besaß einen verlängerten Rumpf. Nord-Aviation baute zehn Vorserienmaschinen MH-260, von denen einige zeitweilig bei Air Inter und Wideroe's Flyveselskap flogen. Ebenso entwickelte Nord die N.262 mit neuem kreisförmigem Rumpfquerschnitt und Druckbelüftung. Dieser Prototyp flog am 24. Dezember 1962. Die ersten vier Serienflugzeuge (Reihe B) gingen Juli 1964 in den Liniendienst von Air Inter. Diesen Maschinen folgte die weitgehend ähnliche Baureihe A mit Bastan VI C Triebwerken von 1080 PS Wellenleistung. Diese Version, von der 67 Stück gebaut wurden, flogen bei Air Madagascar, Alisarda, Allegheny, Cimber Air, Europe Aero Service, Filipinas Orient, Interregionalflug, Linjeflyg, Ransome Airlines, TAT, Rousseau, STA (Algeria). Tunis Air und den französischen Streitkräften. Die Avna Aviation in Natal erhielt die erste Maschine einer geplanten Flotte von vier Flugzeugen im Jahre 1974.

1970 stellte die Aérospatiale die mit leistungsstärkeren Bastan VII A Triebwerken ausgerüstete C-Reihe mit den oben angegebenen technischen Daten vor. Diese Version und die militärische D-Reihe erhielten den Namen Frégate. Insgesamt wurden 22 Ma-

Kurzstreckenverkerhsflugzeug im Einsatz
Photo: Frégate, die zur Einstellung von Funkhilfen ausgerüstet ist.
Technische Daten: Frégate

Unterbringung: Besatzung 2, und bis zu 29 Passagiere
Antrieb: Zwei Turboméca Bastan VII Propellerturbinen mit 1145 Wellen-PS
Spannweite: 22,60 m
Länge: 19,28 m
Fluggewicht: 10800 kg
max. Reisegeschwindigkeit: 410 km/h
Reichweite: 1020 km mit max. Zuladung (FAA Reserven) bei 410 km/h

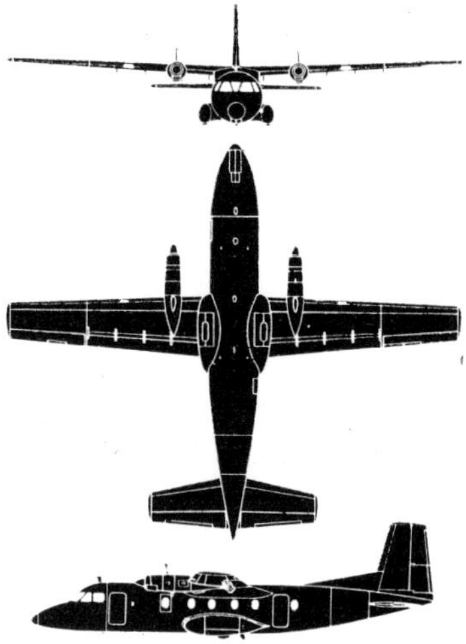

schinen bestellt einschließlich einer für die East African Community, zwei für die Regierung von Gabun und einer für die französische Gesellschaft SFA. Die restlichen 18 sind Militärmaschinen der D-Reihe für die französische Luftwaffe. 1974 wurde in den USA damit begonnen, sieben N.262 der Fluggesellschaft Allegheny mit Pratt & Whitney PT6A-27 Triebwerken umzurüsten. Diese Maschinen erhalten die Bezeichnung Mohawk 298, wobei die Zahl die Übereinstimmung des CAR Teil 298 für Luftfahrtgesellschaften der dritten Ebene angibt.

Aérospatiale SE 210 Caravelle — Frankreich

Der Caravelle-Prototyp machte am 27. Mai 1955 seinen Erstflug; drei Jahre später, am 18. Mai 1958, flog die erste Serienmaschine. Die Caravelle I kam Mitte Mai 1959 in den Liniendienst bei Air France und SAS. Die Caravelle I (19 Stück gebaut) wurden mit Avon 522 Triebwerken für ein Abfluggewicht von 43500 kg ausgeliefert. Aber 1961 wurden diese Maschinen (zusammen mit 13 Caravelle IA mit Avon 523) auf Caravelle III Standard (Avon 527 Triebwerke und 45700 kg Abfluggewicht) umgebaut. Weitere 78 Caravelle III wurden neu gebaut. Die Caravelle VIN (53 Stück gebaut) hatte Avon 531 Triebwerke und einen Schallschutz, sie ist jedoch sonst der III ähnlich. Die Caravelle VIR (56 Stück gebaut) besitzt Avon 533 Triebwerke und Schubumkehrvorrichtungen. Die erste größere Entwurfsmodifikation brachte die Caravelle Super B hervor (auch bekannt unter der Bezeichnung Caravelle 10B oder Super Caravelle). Dieses Flugzeug hatte einen um 1 m »gestreckten« Rumpf, neue Flügelvorderkanten, verbesserte Klappen und andere Verfeinerungen sowie JT8D-1 Turbofan-Triebwerke. Der erste Flug wurde am 3. März 1964 durchgeführt, und 22 Maschinen wurden gebaut. Eine als Caravelle 10R bekannt gewordene Version (die erste von 20 gebauten Maschinen flog am 18. Januar 1965) entsprach der VIR, hatte jedoch JT8D-7 Turbofan-Triebwerke. Eine weitere Entwicklung der 10 R war die Caravelle 11R (6 Stück gebaut) mit längerem Rumpf und einer vorderen Ladeklappe, Erstflug am 21. April 1967. Die größte Streckung der Grundkonstruktion stellt die Endversion, die Caravelle 12 dar,

Mittelstreckenverkehrsflugzeug im Einsatz
Photo und techn. Daten: Caravelle 12
Silhouette: Caravelle VIR

Unterbringung: Besatzung 2–4, und 104–139 Passagiere
Antrieb: Zwei Pratt & Whitney JT8D-9 Turbofans mit 6577 kp Standschub
Spannweite: 34,30 m
Länge: 36,24 m
Fluggewicht: 58000 kg
größte Zuladung: 13200 kg
max. Reisegeschwindigkeit: 825 km/h in 7620 m Höhe
typische Reichweite: 2540 km mit max. Zuladung (mit Reserven)

welche am 29. Oktober 1970 zuerst geflogen wurde. Dieses Flugzeug hatte JT8D-9 Triebwerke und einen um 3,05 m längeren Rumpf als jede vorhergehende Version. Einzige Käufer waren die Sterling Airways, die 7 Maschinen bestellten, von denen die erste am 12. März 1971 ausgeliefert wurde und die Air Inter, welche 5 Flugzeuge im Leasing-Verfahren erhielt. Die Caravelle-Produktion lief 1972 aus, nachdem 280 Stück gebaut waren.
Die wichtigsten Fluggesellschaften, bei denen die Caravelle eingesetzt ist, sind Aerolineas Argentinas, Air Afrique, Air Algerie, Air Charter International, Air Zaire, Air Fance, Air Inter, Alia, Alitalia, Austrian Airlines, Avensa, BIAS, Catair, China Airlines, Cruzeiro do Sul, Euralair, FEAT, Finnair, IAC, Iberia, JAT, LAN Chile, Libyan Arab, LTU, Luxair, Royal Air Cambodge, Royal Air Maroc, Sabena, SAM, SAS, SATA, Sobelair, Sterling, Syrian Arab, TAP, THAI, Transavia, Transeuropa, Transunion, Tunis Air und UTA.

Airbus A 300 — International

Die Entwicklung eines »Airbus«-Transportflugzeuges als Gemeinschaftsunternehmen wurde zuerst im Juni 1965 von britischen und französischen Firmen diskutiert. Später schloß sich Deutschland einem aus drei Nationen bestehenden Konsortium an, und am 26. September 1967 wurde ein Memorandum unterzeichnet, in dem man Übereinstimmung für gemeinsame Entwurfsstudien bekundete. Die ersten Entwürfe basierten auf der Verwendung zweier Rolls-Royce RB.207 Triebwerke. Im Dezember 1968 entstand als überarbeiteter Entwurf die auf dem RB.211 basierende A 300B. In Ermangelung fehlender Aufträge für das Projekt machte Großbritanien im März 1969 seine Beteiligung rückgängig, und die A 300B lief als französisch-deutsches Projekt weiter, die wichtigsten Partner waren Aérospatiale in Frankreich und die Deutsche Airbus-Gesellschaft (sie vertrat die deutschen Flugzeugfirmen MBB und VFW-Fokker) in Deutschland. Auf privater kommerzieller Basis beteiligte sich Hawker Siddeley an dem Programm als die für den Entwurf und die Fertigung der Tragfläche verantwortliche Firma und in beratender Funktion für allgemeine Entwurfs- und Marketing-Fragen. 1970 wurde die Beteiligung der holländischen Regierung bestätigt; daraus resultiert, daß Fokker-VFW verantwortlich für die beweglichen Flügelflächen zeichnet. Spanien schloß sich 1971 dem Projekt an, und die Firma CASA baute Teilstücke für das Leitwerk. Als Serienmuster hat die A 300B zwei General Electric CF6-50C Turbofan-Triebwerke und sie wird in verschiedenen Varianten angeboten. Die beiden am

Großraumflugzeug für den Kurzstreckenverkehr in Produktion und Einsatz
Technische Daten für A 300B-2

Unterbringung: Besatzung 3, bis zu 331 Passagiere (hochdichte Bestuhlung)
Antrieb: Zwei General Electric CF6-50C Turbofans mit 23130 kp Standschub
Spannweite: 44,84 m
Länge: 53,57 m
Fluggewicht: 137000 kg
max. Zuladung: 30810 kg
max. Reisegeschwindigkeit: 940 km/h in 7620 m Höhe
Reichweite: 1610 km mit voller Besatzung und typischen Reserven

28. Oktober 1972 und 5. Februar 1973 erstmals geflogenen Prototypen von Baumuster B-1 hatten eine Rumpflänge von 50,55 m. Die ersten Serienmuster jedoch waren B-2 mit den oben angegebenen Abmessungen. Die erste B-2 flog am 28. Juni 1973 und trat im Mai 1974 bei der Air France, die sechs Maschinen bestellt hatte, in den Liniendienst. Die Lufthansa hatte drei, die SATA und TEA je eine Maschine bestellt; die Air Siam wird vor Auslieferung ihrer B-4 Baumuster eine Maschine im Leasing-Verfahren übernehmen. Die Iberia bestellte von der B-4 Version vier Stück, die Sterling drei, die Trans-Brasil vier und die Air Siam zwei. Die B-4 hat ein Abfluggewicht von 150000 kg und eine vergrößerte Kraftstoffkapazität. Andere Versionen sind das Mehrzweckflugzeug A 300C und das Frachtflugzeug A 300F.

Antonov An-12 UdSSR

Das Verkehrsflugzeug An-10 flog erstmals von 4000 PS Kusnezow NK-4 Motoren angetrieben im März 1957. Die Serienmaschine hatte AI-20K Motoren und trat im Juli 1959 bei der Aeroflot in Dienst. Dieser 84-sitzigen Version folgte im Februar 1960 die etwas modifizierte An-10A mit Änderungen der Anordnung und der Form des Höhenleitwerks. Diese Maschine wurde in Versionen für 100, 120 und 130 Passagiere gebaut. Die An-10 bzw. An-10A wurde nicht exportiert und 1973 aus dem Dienst der Aeroflot zurückgezogen.
Die mit der An-10 eng verwandte An-12 ist im Grunde ein mit hinteren Frachttüren und einem Heckstand versehener Militärtransporter. Einige Baumuster, bei denen der hintere Turm notdürftig ausgebaut ist, wurden von der Aeroflot und einer oder zwei ausländischen Fluggesellschaften wie der Ghana und der Cubana mit zivilen Kennzeichen geflogen. Diesen Maschinen folgte eine eindeutig zivile Version, die An-12V, die anstelle des hinteren Turmes eine vollständige Rumpfverkleidung aufwies. Der Hauptfrachtraum hat keine Druckbelüftung, jedoch ist eine direkt hinter dem Flugdeck liegende Druckkabine für 14 Passagiere vorgesehen. An-12 Baumuster wurden von der LOT, Bulair, Cubana und Aeroflot geflogen. Sie wurden auch mit ägyptischen und algerischen zivilen Kennzeichen beobachtet. Die Maschine wird auch von verschiedenen Luftstreitkräften außerhalb der Sowjetunion geflogen. Die An-10 wurde unter der NATO-Code-Bezeichnung »CAT« bekannt, die An-12 als »Cub«.

Antonov An-22 UdSSR

Die erstmals am 27. Februar 1965 geflogene An-22 ist bis heute Rußlands größtes Flugzeug. Sie ist eine natürliche Weiterentwicklung der Frachtflugzeugbaureihe von Antonov, die mit der zweimotorigen An-8 begann, und zu der die An-12 und die An-24 (Seite 8 und 10) gehören. Der Grundtyp ist für die Verwendung als Frachtflugzeug vorgesehen und wird als solches für die Aeroflot (ebenso für die sowjetischen Streitkräfte) hergestellt. Bei der im hinteren Rumpf eingebauten, geteilten Tür ist deren hinterstes Teilstück nach oben aufklappbar, während das Vorderteil nach unten aufklappt eine Laderampe bildet. Bei geöffneter Tür erleichtern auf der Unterseite des hinteren Türabschnittes befindliche Schienen, die auch durch den gesamten Frachtraum gehen und auf denen Motorwinden arbeiten, das Be- und Entladen. Im Laufe des Jahres 1967 stellte eine An-22 vierzehn Höhenrekorde in beladenem Zustand auf. Dazu gehörte auch das Aufsteigen mit einer Zuladung von 100444 kg auf eine Flughöhe von 2000 m. Weitere Rekordflüge (Geschwindigkeitsrekorde für verschiedene Zuladungen) wurden 1972 gemacht. Das Entwurfsbüro Antonov befaßte sich auch mit dem Projekt einer Passagierflugzeugversion der An-22, die 15 m länger war und in zwei Decks bis zu 724 Passagiere unterbringen soltle. Der NATO Codename für die An-22 ist »Cock«. **Anteus** ist die manchmal von sowjetischen Stellen verwendete Bezeichnung.

Daten der Antonov An-12 (Seite 18)

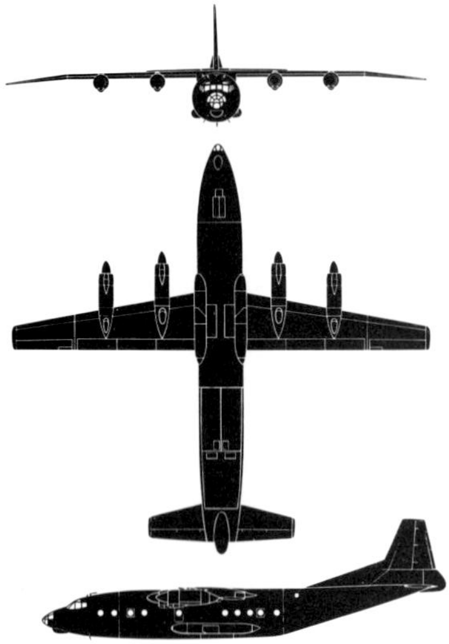

Mittelstreckentransporter im Einsatz

Unterbringung: Besatzung 5, und Passagiere oder Fracht
Antrieb: Vier Iwtschenko A1-20K Propellerturbinen mit 4000 Wellen-PS
Spannweite: 38,0 m
Länge: 33,0 m
Fluggewicht: 61000 kg
größte Zuladung: 14500 kg
max. Reisegeschwindigkeit: 600 km/
Reichweite: 3400 km bei 550 km/h mit 10000 kg Zuladung

Daten der Antonov An-22 Anteus (Seite 19)

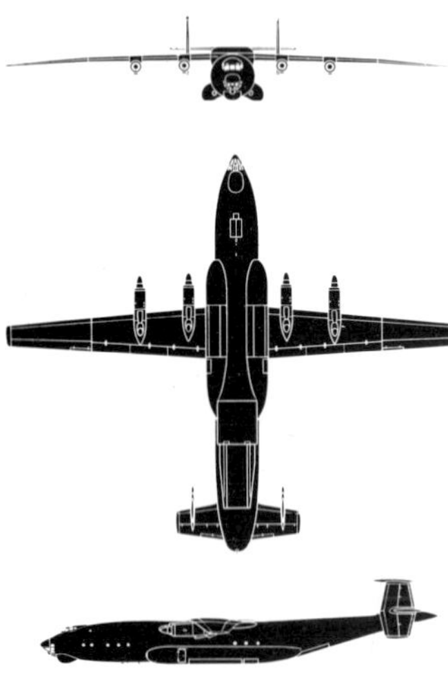

Schweres Fracht-Transportflugzeug in Produktion und Einsatz

Unterbringung: Besatzung 5 oder 6, 28–29 Passagiere und Fracht
Antrieb: Vier Kusnetzow NK-12MA Propellerturbinen mit 15000 Wellen-PS
Spannweite: 64,40 m
Länge: 57,80 m
Fluggewicht: 250000 kg
größte Zuladung: 80000 kg
max. Horizontal-Geschwindigkeit: 740 km/h
max. Reichweite: 10950 km mit 45000 kg Zuladung

Antonov An-24, An-26 und An-30 UdSSR

Einzelheiten dieses Zubringerflugzeugs wurden Mitte 1960 von den russischen Stellen zum ersten Mal bekanntgegeben. Im September 1963 trat es auf den Flugstrecken der Aeroflot von Moskau nach Saratov und Woronesch in Dienst. Die Serienausführungen haben längere Motorverkleidungen als die Prototypen, Flossen an der Rumpfunterseite und weitere Änderungen. Durch Verbesserungen wurde die Anzahl der Sitze in der An-24V auf 50 erhöht und das Fluggewicht vergrößert. Das erste Fertigungslos Reihe I hatte 2550 PS-AI-24-Motoren, während die laufende Baureihe II AI-24As Triebwerke mit Wassereinspritzung besitzt. Zwei weitere 1967 angekündigte Versionen waren die An-24RV mit einem Zusatzdüsentriebwerk von 900 kp Standschub im rückwärtigen Teil der rechten Motorverkleidung, sowie die An-24T für gemischten Passagier/Frachtbetrieb mit einer Ladetür an der Rumpfunterseite und Doppelseitenleitwerk. Die An-24P ist eine Version mit speziellen Änderungen zur Verwendung bei der Feuerbekämpfung. Eine weitere 1969 vorgestellte Variante ist die An-26, ein weitgehend modifiziertes Transportflugzeug für sowohl militärische als auch zivile Verwendung und Beladung von der Rumpfrückseite. Dieser Typ besitzt einen verbreiterten hinteren Rumpf und AI-24T Triebwerke mit 2820 PS Wellenleistung. Eine andere seit 1974 im Einsatz befindliche Version ist die An-30, die sich von der An-24 hauptsächlich dadurch unterscheidet, daß sie eine Spezialausrüstung für die Bodenvermessung aus der Luft im Rumpfvorderteil mitführt. Es wurden einige An-24 gebaut, und

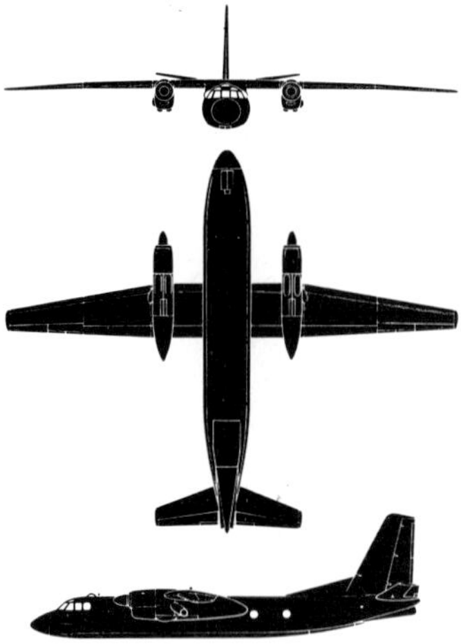

Kurzstreckenverkehrsflugzeug in Produktion und Einsatz
Technische Daten: An-24V Srs II
Photo: An-30
Silhouette: An-24T

Unterbringung: Besatzung 3–5, und bis zu 50 Passagiere
Antrieb: Zwei Iwtschenko Al-24A Propellerturbinen mit 2550 Wellen-PS
Spannweite: 29,20 m
Länge: 23,53 m
Fluggewicht: 21000 kg
größte Zuladung: 5500 kg
normale Reisegeschwindigkeit: 450 km/h in 6000 m Höhe
Reichweite: 550 bis 2400 km bei 450 km/h

es gibt zahlreiche ausländische Fluggesellschaften, die dieses Muster fliegen, wie Air Guinée (3), Air Mali(2), Balkan Bulgarian Airlines (7), Cubana (7), Egyptair (10), Interflug (8), Iraqi Airways (1), Lina Congo (2), L.O.T. (13), Mongolian Airlines (3), Pan African Air Services (2) und Tarom (9). Alle Versionen der An-24 haben den NATO Code-Namen »Coke«, während die An-26 mit »Curl« und die An-30 als »Clank« bezeichnet wird.

BAC One-Eleven Großbritannien

Die One-Eleven machte am 20. August 1963 ihren Jungfernflug und wurde aus einem früheren Projekt der Hunting-Aircraft von der BAC entwickelt. Die Produktion wurde im April 1961 aufgenommen und einen Monat später die erste Bestellung durch die BUA bekanntgegeben. Das erste Serienmuster flog am 19. Dezember 1963, und im April 1965 wurde von der BUA der Liniendienst aufgenommen; Braniff, Mohawk und Aer Lingus folgten später im selben Jahr. Die Flugzeuge für diese Besteller erhielten die Bezeichnung Reihe 200 und waren mit Spey 506 Triebwerken (4686 kp Standschub) ausgerüstet. Am 13. Juli 1965 flog bei der BAC ein Prototyp der Reihe 300/400 mit Spey 511 Triebwerken (5171 kp Standschub) und höheren Fluggewichten. Die Baureihe 400 war speziell für den US-Markt vorgesehen und hatte amerikanische Instrumentierung. Derselbe Prototyp wurde später auf den Standard der Baureihe 500 abgeändert, der einen verlängerten Rumpf aufwies und seinen Erstflug am 30. Juni 1967 machte. Die Baureihe 500 besitzt auch leistungsstärkere Spey 512DW Triebwerke, eine vergrößerte Spannweite und ein bis auf 47700 kg erhöhtes Fluggewicht; das Muster ist seit 1968 im Liniendienst. Im Laufe des Jahres 1970 wurde der Prototyp Baureihe 500 abermals auf den Standard der Baureihe 475 mit dem kurzen Rumpf der ursprünglichen **One-Eleven** modifiziert, Zusammen mit vergrößerte Spannweite und leistungsstärkeren Triebwerken. In dieser Form fand der erste Flug am 27. August 1970 statt. Mitte 1973 war die Gesamtzahl der Bestellungen für die **One-Eleven**

Kurzstrecken-Düsenverkehrsflugzeug
in Produktion und Einsatz
Die technischen Daten beziehen sich
auf die Baureihe 475
Photo und Silhouette: Muster 500

Unterbringung: Besatzung 2 und bis zu
89 Passagiere
Antrieb: Zwei Rolls-Royce Spey 512 DW
Turbofans mit 5692 kp Standschub
Spannweite: 28,50 m
Länge: 28,50 m
Fluggewicht: 41730 – 44678 kg
größte Zuladung: 9647 kg
max. Reisegeschwindigkeit: 870 km/h
in 6400 m Höhe
max. Reichweite: 3000 km bei 745 km/h
mit voller Zuladung und den typischen
Reserven.

auf 210 Maschinen gekommen, von denen alle ausgeliefert wurden. Die wichtigsten Gesellschaften, welche die Baureihen 200/300/400 fliegen, sind die British Airways, British Caledonian, Dan-Air, Quebecair, Laker, Aer Lingus, Bavaria, Gulf, Tarom, American, Braniff, Mohawk, PAL, TACA, LACSA, LANICA, VASP, Merpati-Nusantara, LIAT, Bahamasair und Austral. Die Baureihe 500 wird von der Aviateca, Austral, Bavaria, British Airways, Germanair, LANICA, PAL und Transbrasil geflogen. Die Baureihe 475 wurde lediglich von Faucett, Air Pazific und Air Malawi erworben.

BAC/Aérospatiale Concorde International

Als Höhepunkt einer mehrjährigen Entwurfsarbeit von Sud-Aviation (jetzt Aérospatiale) in Frankreich und der Bristol Aeroplan Co. (jetzt in der BAC aufgegangen) in Großbritannien entstand im Jahre 1962 eine Gemeinschaftskonstruktion eines Überschall-Verkehrsflugzeuges. Am 29. November dieses Jahres unterzeichnete die britische und die französische Regierung ein Abkommen zur Durchführung eines Gemeinschaftsunternehmens. Insgesamt gesehen ist das Projekt zu gleichen Teilen unter den beiden Ländern ebenso wie seine Kosten aufgeteilt. Aérospatiale zeichnet verantwortlich für die Zelle und teilt sich deren Fertigung mit BAC; und Rolls-Royce ist für die Konstruktion der Olympus Triebwerke verantwortlich, wobei SNECMA seinen Beitrag mit dem Schubdüsensystem und den Nachbrennern leistet. Der erste der beiden Prototypen mit der Bezeichnung Concorde 001 (F-WTSS) machte am 2. März 1969 in Toulouse seinen Jungfernflug, gefolgt von der 002 (G-BSST) am 9. April in Bristol. Beide Prototypen erreichten im Verlauf des November 1970 zum erstenmal Mach 2. Am 17. Dezember 1971 machte das erste der beiden Vorserienmuster, die **Concorde 01,** den Erstflug. Sie hatte einen längeren Rumpf, kleinere Fenster, eine überarbeitete Frontverglasung mit festem Steg und ein Fluggewicht von 17500 kg.

Die **Concorde 02** machte am 10. Januar 1973 ihren Erstflug und war äußerlich der Serienausführung ähnlich mit einer verbreiterten hinteren Rumpfverkleidung und einer überarbeiteten Flügelvorderkante. Ende 1973 wurde die Produktion von 16 Concorde

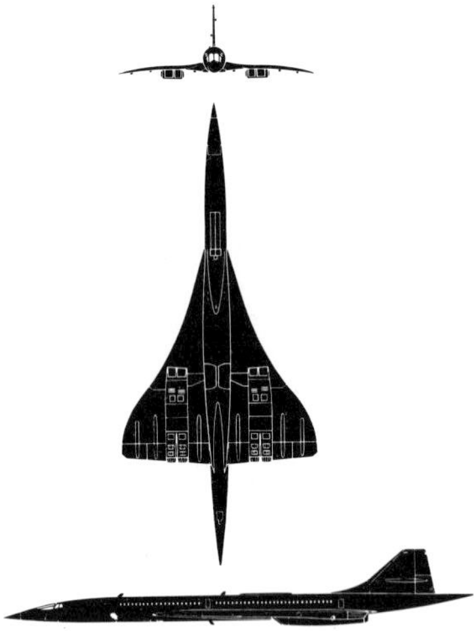

Mittel/Langstrecken-Überschall-
verkehrsflugzeug in Produktion
Daten für Serienflugzeug

Unterbringung: Besatzung 3 oder 4, und bis zu 128 Passagiere
Antrieb: Vier Rolls-Royce Olympus 593Mk602 Turbojets mit 17260 kp Standschub und 17% Nachverbrennung
Spannweite: 25,60 m
Länge: 62,17 m
Fluggewicht: 174640 kg
max. Reisegeschwindigkeit: Mach 2.2
2333 km/h in 16600 m Höhe
Reichweite: 6380 km bei Mach 2.05 mit größter Zuladung.

durch die beiden Regierungen in Auftrag gegeben, wovon die erste dieser Maschinen (Concorde 201) am 6. Dezember 1973 ihren Erstflug machte und 1975 ihre Zulassung erhielt. Feste Bestellungen für jeweils 5 Maschinen wurden von der British Airways und der Air France gemacht. Die chinesische CAAC und die Iran Air haben vorläufig Kaufverträge für drei bzw. zwei Exemplare unterschrieben.

Boeing 707-120 und Boeing 720 **USA**

Die Geschichte der **Boeing 707** begann mit dem Baumuster 367-80, dem Prototyp von Amerikas erstem kommerziellen Düsenverkehrsflugzeug, welches am 15. Juli 1954 zuerst flog. Daraus wurde das militärische Muster KC-135 und die C-135 Baureihe (von der 820 Maschinen hergestellt wurden) und die kommerziellen Muster 707 und 720 (insgesamt 890 Stück verkauft) entwickelt.
Die 707-120 (P&W JT3C-6 Triebwerke) mit 6130 kp Schub) machte am 20. Dezember 1957 ihren Erstflug und war ganz auf die Anforderungen der inneramerikanischen Fluggesellschaften zugeschnitten, wurde jedoch für kurze Zeit von Pan American auf der Nordatlantikroute vom 26. Oktober 1958 an eingesetzt. Pan American kaufte sechs Maschinen dieses Musters, welche die Bezeichnung 707-121 erhielten und zwei Flugzeuge des Musters 707-139 aus zweiter Hand. Andere Halter waren die TWA (fünfzehn 707-131), die Continental (fünf 707-124) und die American (fünfundzwanzig 707-123). Die 707-120 hat eine Spannweite von 39,88 m, ist 44,04 m lang und hat ein Abfluggewicht von 116575 kg. Eine Version mit kürzerem Rumpf wurde nur von der Qantas (sieben 707-138) gekauft, und eine Version mit JT4A-3 Triebwerken, die 707-220, wurde ausschließlich an die Braniff (fünf 707-227) verkauft, vier von diesen Maschinen wurden 1971 von der BWIA erworben. Andere Zweite-Hand-Geschäfte betrafen meist Original-Baumuster 120. Die 707-120B besitzt eine Anzahl aerodynamischer Verfeinerungen und unterscheidet sich von der 120 hauptsächlich durch ihre JT3D-1 Turbofan-Triebwerke. American, Pan

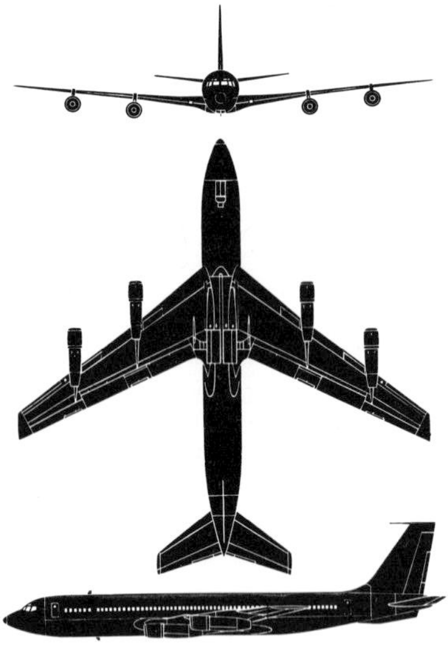

Mittel/Langstreckenverkehrsflugzeug, im Einsatz
Photo und technische Daten: 720B
Silhouette: 707-120B

Unterbringung: Besatzung 3, und 90–167 Passagiere
Antrieb: Vier Pratt & Whitney JT3D-3 Turbofans mit 8165 kp Standschub
Spannweite: 39,87 m
Länge: 41,68 m
Fluggewicht: 106140 kg
größte Zuladung: 19692 kg
max. Reisegeschwindigkeit: 985 km/h in 7620 m Höhe
Reichweite: 6690 km mit voller Zuladung bei 870 km/h ohne Reserven

American und Qantas rüsteten ihre älteren Flugzeuge auf diesen Standard um; die TWA kaufte zusätzlich 41 neue 707-131B. Die American bestellte 31 weitere 707-123B und Qantas kaufte sechs 707-138B mit demselben kurzen Rumpf wie frühere Qantas-Muster. Die Qantas-Flugzeuge wurden an die Gesellschaften Standard, PWA, Braniff, BWIA und Laker verkauft und viele andere -120B-Muster wurden in Zweit-Hand-Geschäften verkauft.
Das kleinste Mitglied der Boeing-Familie ist die 720 mit einer Spannweite von 39,88 m, einer Länge von 41,50 m und einem Abfluggewicht von 103875 kg mit JT3C-7 oder JT3C-12 Triebwerken. Sie machte am 25. November 1959 ihren Erstflug und wurde von American (10), Braniff (5), Eastern (15), Aer Lingus (3), Pacific Northern (2) und United (29) bestellt. Eine Version mit JT3D-1 oder -3 Turbofan-Triebwerken besaß dieselben aerodynamischen Verbesserungen wie die 707-120B. Die Baumuster 720-023 von American Airlines wurden auf diesen Standard umgerüstet und 15 weitere neue Maschinen gekauft. Andere Abnehmer der 720B waren Avianca (3), Continental (8), El Al (2), Ethiopian (3), Lufthansa (8), Northwest (17), PIA (4), Saudi Arabian (2) und Western (27). Infolge von Zweite-Hand-Geschäfte gingen Boeing 720 und 720B auch in den Liniendienst von Pan American, MEA, Korean Airlines, Conair, Trans European, Monarch, Olympic, Air Rhodesia, Aero American, Voyager, Air Malta und Maersk Air.

Boeing 707-320, 707-420 USA

Die Intercontinental-Version der Boeing 707 wurde bald nach dem Eintritt der 707-120 in den Liniendienst angekündigt; sie hat einen längeren Rumpf, breitere Tragflächen und höhere Triebwerksleistung; dazu kommt eine größere Reichweite. Das erste der vergrößerten Muster war die 707-320, die am 11. Januar 1959 mit JT4A-3 Triebwerken von 7200 kp Standschub ihren Erstflug machte. Spätere Versionen hatten leistungstärkere -5, -9 oder -11 Triebwerke. Luftfahrtgesellschaften, die diese Version verwendeten, waren die PAA, Air France, Sabena, SAA und TWA. Ein Zeitgenosse dieser Version war die am 20. Mai 1959 zuerst geflogene 707-420 mit R-R Conway Triebwerken (7938 kp Standschub). Sie wurde bei der BOAC, Lufthansa, Air-India, El Al und Varig. eingesetzt. Nach der Entwicklung der 707-120B und der 720B mit Turbofan-Triebwerken und aerodynamischen Verbesserungen brachte Boeing die 707-320B mit ähnlichen Änderungen heraus. Der Erstflug erfolgte am 31. Januar 1962, und diese Version war schließlich Nachfolgemodell der 707-320 in der Serienfertigung, nachdem 69 -320 und 37 -420 gebaut worden waren. Die meisten Luftfahrtgesellschaften, welche -320 oder -420 Muster geflogen hatten, stellten bei ihren Folgebestellungen auf das Turbofan-Modell um. Die -320C entsprach fast ganz der -320B und besaß an der vorderen Rumpfseite eine große Ladetür sowie Kabinenvorrichtungen zum Transport von Frachtzuladungen und Passagieren. Folgende Luftfahrtgesellschaften bestellten die insgesamt 573 Intercontinental 707 Baumuster (außer 17 für Militärzwecke

Langstreckenverkehrsflugzeug
in Produktion und Einsatz
Photo und technische Daten: 707-320C
Silhouette: 707-320B

Unterbringung: Besatzung 3–5, und bis zu 202 Passagieren oder 13 Frachtpaletten
Antrieb: Vier Pratt & Whitney JT3D-3B Turbofans mit 8165 kp Standschub
Spannweite: 44,42 m
Länge: 45,60 m
Fluggewicht: 151315 kg
größte Zuladung: 43500 kg
max. Reisegeschwindigkeit: 965 km/h in 7620 m Höhe
Reichweite: 6320 km mit max. Zuladung bei 856 km/h und den typischen Reserven

gekaufte), zusammen mit den Bestellungen für die -320/320B/320C/420 lauten die Zahlen: Air France (38), Air-India (11), Airilft International (3), Alia (2), American Airlines (47), Aerolineas Argentinas (6), Avianca (2), British Airways (30), Braniff (9), British Caledonian (2), Cameroon Air (1), China Air (2), CAAC (10), Continental (13), Egyptair (9), El Al (8), Ethitopian (2), Executive Jet (2), Flying Tiger (4), Aer Lingus (4), Iran Air (3), Iraqi (3), Korean (1), Kuwait (5), LAN-Chile (1), Lufthansa (23), MEA (4), Nigeria Airways (2), Northwest (36), Olympic (6), PIA (7), PAA (120), Qantas (21), Sabena (14), SAA (10), Saudi Arabian (2), Seaboard World (2), Singapore Airlines (3), Sudan Airways (2), TAP (7), Tarom (3), TWA (67), Varig (9), Wardair (2), Western (5) und World Airways (9).
Durch Zweithand-Verkäufe und Leasing-Abkommen haben sich viele dieser Angaben geändert und zu weiteren Haltern der 707 gehören Air Cambodge, Air Madagascar, Alaska International, Austrian, Bangladesh Biman, British Airways Airtours, Britannia, Cathay Pacific, Condor, Dan-Air, Danaldson, JAT, SAFA, Southern Cross, Transsavia, THY, TMA und Trek.

Boeing 727 USA

Die Produktion der Boeing 727 begann Ende des Jahres 1960. Die ersten Grundtypen der 727-100 Serie flogen am 9. Februar 1963. Am 29. Oktober des gleichen Jahres wurden die ersten Maschinen an die United Air Lines ausgeliefert, und am 1. Februar 1964 fand der erste Linienflug für den Passagierdienst bei der Eastern statt. Boeing entwickelte auch 2 Varianten mit Ladetüren an der Rumpfseite und Vorrichtungen im Rumpfinnern für gemischten Gepäck/Frachtbetrieb. Diese Maschinen sind die 727C und die 727QC Versionen für schnellen Umbau je nach Betriebsart. Bei der letztgenannten Version können auf Paletten montierte Sitze sehr schnell im Rumpfinnern installiert werden. Am 27. Juli 1967 flog Boeing die erste 727-200 mit einem um 3,05 m verlängerten Rumpf und JT8D-7 Triebwerken (6350 kp Standschub) bzw. JT8D-9 (6577 kp Standschub) sowie anderen Verbesserungen. Mai 1974 betrug der Auftragsbestand für die 727 1151 Maschinen, und zwar für folgende Luftfahrtgesellschaften: Air Algerie (4), Air Asia (2), Air Canada (5), Air France (20), Airlift (4), Alaska (3), Allegheny (2), All Nippon (32), American Airlines (113), American Fleyers (2), American Capital Aviation (1), Ansett-ANA (12), Ariana (2), Avianca (7), Braniff (51), BWIA (3), China Air (3), Condor (6), Continental (38), CP Air (4), Cruzeiro (3), Delta (39), Dominicana (2), Eastern (118), Executive Jet (2), Faucett (1), Frontier (8), Hughes Air West (3), Iberia (27) Icelandair (1), Iranair (7), JAL (14), JAT (6), LAB (1), LAN-Chile (5), Libyan Arab (2), Lufthansa (46), Mexicana (14), National (33), Northeast (19), Northwest (56),

Kurz/Mittelstreckenverkehrsflugzeug
in Produktion und Einsatz
Photo: Baureihe 200
Daten: Weiterentwickelte -200
Silhouette: Baureihe 100

Unterbringung: Besatzung 3, und 134–189 Passagiere
Antrieb: Drei Pratt & Whitney JT8D-15 Turbofans mit 7030 kp Standschub
Spannweite: 32,92 m
Länge: 46,69 m
normales Fluggewicht: 94250 kg
größte Zuladung: 19410 kg
max. Reisegeschwindigkeit: 964 km/h in 7530 m Höhe
Reichweite: 2970 km mit voller Zuladung, (den typischen Reserven) bei 920 km/h in 9150 m Höhe

Olympic (6), Pacific Southwest (32), PAA (27), Piedmont (1), Royal Air Maroc (3), Royal Nepal (1), Sabena (5), SAA (9), Southern Air Transport (1), Sterling (3), TAP (8), THY (4), Transair (3), TAA (12), Trans Caribbean (1), TWA (89), Trans International (2), Tunis Air (3), United (154), Varig (4), Wardair (1), Western (18) und World (6). Durch Zweithand-Geschäfte und Flugzeug-Leasing kommen zu dieser Liste noch folgende Fluggesellschaften: Air Charter, Air Mali, Air Micronesia, Air Panama, Air Vietnam, Burma Airways, Dan-Air, Hapag-Lloyd, Korean, Pacific Western und TOA Domestic.
Die weiterentwickelte 727-200 erschien 1972 mit höherem Abfluggewicht, leiseren Triebwerken und anderen Verbesserungen. Weitere Entwicklungen im Jahre 1973 brachten das Abfluggewicht auf 94250 kg, und 1974 wurden JT8D-17 Triebwerke mit 7257 kp Standschub eingebaut.

Boeing 737 USA

Die Auslieferungen des Grund typs der Boeing 737 Serie 100 begannen im Dezember 1967, weniger als 4 Jahre nach Konstruktionsbeginn. Dies war durch Verwendung vieler Serien-Bauteile und -Baugruppen der Boeing 727 möglich geworden.
Der Grundaufbau beider Baumuster ist ähnlich, wobei Türen, Seitenverkleidungen, Kabinendach, Sitze und bestimmte Systeme identisch sind. Die Triebwerke sind im Grundaufbau gleich und haben identische Schubumkehrvorrichtungen, Verkleidungen an der Triebwerksvorderseite und Anlasser. Die Boeing 737 wird in dem Fabrikkomplex der Firma in der Nähe von Seattle produziert, die Endmontage ist im Werk 2 in der Nähe des Boeing Werkflugplatzes, wo der Erstflug am 9. April 1967 stattfand. Die erste Serienversion die von der Lufthansa bestellt war, ist die Baureihe 100 mit JT8D-7 Triebwerken (6350 kp Standschub) und bis zu 115 Sitzen. Ebenso in der Fertigung sind »C«-Versionen für gemischten Passagier/Frachtbetrieb und »QC« Versionen für schnellen Umbau mit palettisierten Sitzen; sowie die Baureihe 200 mit einem um 1,93 m verlängertem Rumpf, noch mehr Sitzen und IT8D-9 oder IT8D-15 Triebwerken. Die erste Maschine der Baureihe 200 flog am 18. August 1967. Mai 1974 betrug die Zahl der verkauften Maschinen des Baumusters 737 insgesamt 412 Stück. Käufer waren u. a. folgende Luftverkehrsgesellschaften: Air Algerie (7), Aer Lingus (8), Air California (2), Air Madagascar (2), Air Zaire (3), All Nippon (16), Argentinas (9), Avianca (2), Braathens (5), Britannia (13), Cameroon Airlines (2), CP Air (7), Cru-

Kurzstrecken-Düsenverkehrsflugzeug in Produktion und Einsatz
Photo, Silhouette und Daten: Baureihe 200

Unterbringung: Besatzung 2, und bis zu 130 Passagiere
Antrieb: Zwei Pratt & Whitney JT8D-9 Turbofans mit 6577 kp Standschub
Spannweite: 28,35 m
Länge: 30,48 m
größtes Fluggewicht: 52390 kg
größte Zuladung: 16193 kg
max. Reisegeschwindigkeit: 925 km/h in 6890 m Höhe
max. Reichweite: 3815 km mit voller Zuladung (den typischen Reserven) bei Mach 0,78 in 9150 m Höhe

zeiro (6), DETA (4), Eastern Provincial (5), Frontier (5), IAC (11), Iranair (4), Iraqi (2), Lufthansa (28), Malaysia Airlines (8), Mey-Air (2), NZNAC (5), Nigeria (2), Nordair (4), Pacific South-West (11), Pacific Western (9), Piedmont (12), Pluna (1), SAA (6), Saudi Arabian (7), Sabena (10), Singapore Airlines (7), SAHSA (1), Southwest (5), Transair (3), Transavia (1), United (75), Varig (10), VASP (14), Western (30) und Wien Air Alaska (5). Aloha und Condor fliegen die 737 auf Leasingbasis. Auslieferungen eines weiterentwickelten Musters 737-200 mit JT8D-15 Triebwerken (7030 kg Standschub), vergrößerter Kraftstoffkapazität, höherem Abfluggewicht und anderen Verbesserungen begannen im Mai 1971. Die meisten seitdem bestellten 737 betrafen das weiterentwickelte Baumuster.

Boeing 747 USA

Die Firma Boeing gab im April 1966 Einzelheiten über die Boeing 747 bekannt, für die von Pan American eine vorläufige Verpflichtung zur Abnahme von 25 Maschinen vorlag. Als größte bisher in Produktion gegangene Verkehrsmaschine wurde sie bald unter dem Namen »Jumbo Jet« bekannt. Sie hat ein Hauptkabinendeck mit einer größten Kapazität von 490 Sitzen, die in Zehnerreihen in dem 6,09 m breiten Rumpf angeordnet sind. Die Grundauslegung ergibt 306 Sitze für Passagiere der Economy-Klasse sowie 57 Sitze für die erste Klasse, mit einem Aufenthaltsraum im oberen Deck hinter den Pilotensitzen für 8 bzw. in späteren Mustern 16 Personen. Die erste 747 war ein firmeneigener Prototyp und machte am 9. Februar 1969 ihren Erstflug. Pan American nahm am 22. Februar 1970 den Liniendienst auf der Strecke New York – London auf. Die ersten Flugzeuge hatten JT9D-3D Turbofan-Triebwerke mit 19730 kp Standschub und ein Abfluggewicht von 322050 kg. Ende 1970 erhielt Boeing für das Muster 747A mit JT9D-3AW Triebwerken und einem Abfluggewicht von 333400 kg die Zulassung.
Die gesamte Flotte von Pan American wurde auf diesen Standard umgebaut, die ersten 3 Maschinen gingen im Leasing-Verfahren an Eastern Air Lines, sobald ihr Umbau fertiggestellt war. Am 11. Oktober 1970 machte die Boeing 747B ihren Erstflug, eine Weiterentwicklung mit einem Abfluggewicht von 351535 kg und JT9D-7 Triebwerken mit 20640 kp Standschub (1973: Abfluggewicht 356070 kg, JT9D-7A Triebwerke). Lieferbar ist auch die um-

Langstrecken »Jumbojet«,
in Produktion und Einsatz
Daten: Muster 747-200
Photo: Muster 747SR

Unterbringung: Besatzung 3–4,
und 363–490 Passagiere
Antrieb: Vier Pratt & Whitney JT9D-7A
Turbofans mit 20950 kp Standschub
Spannweite: 59,64 m
Länge: 70,51 m
Fluggewicht: 356070 kg
größte Zuladung: 71940 kg
Höchstgeschwindigkeit: 978 km/h in
9150 m Höhe
Reichweite: 6970 km mit voller Zuladung

baufähige 747C und die Frachtversion 747F mit Beladung durch den Rumpfbug. Der ursprüngliche 747 Prototyp flog am 26. Juni 1973 mit dem neuen General Electric CF6-50D Triebwerken mit 23135 kp Standschub.
Im September 1973 begann Boeing die Auslieferung der 747SR an die Japan Airlines, einer Sonderversion für Kurzstreckenbetrieb mit reduziertem Gewicht. Im gleichen Monat wurde ein Auftrag für Pan American, die 747SP betreffend, welche einen um 14,40 m verkürzten Rumpf und eine größere Reichweite hatte, bekanntgegeben. Dieses Baumuster ist für den Liniendienst von 1976 an vorgesehen. Mai 1974 betrug die Gesamtzahl der Bestellungen 268 Maschinen, die, soweit bekannt, an folgende Fluggesellschaften gingen: Air Canada (5), Air France (15), Air India (4), Alitalia (5), American (16), British Airways (17), Braniff (1) Condor (2), Continental (4), CP Air (4), Delta (5), El Al (3), Eastern (4), Iberia (3), Iran (2), Irish International (2), JAL (28), KLM (7), Korean (2), Lufthansa (6), National (2), Northwest (15), Olympic (2), Pan American (40), Qantas (11), Sabena (2), SAS (2), Seaboard World (3), Singapore (3), South African (5), Swissair (2) TAP (4), TWA (15), United (18), World (3), Wardair (1). Air Siam verwendet eine auf Mietkaufbasis und Flying Tiger hat zwei Maschinen aus zweiter Hand erworben und für den ausschließlichen Betrieb als Frachtmaschinen umgebaut. Die 747F Frachtversion wurde von Seaboard World, Lufthansa, JAL und Air France gekauft.

Canadair 400 und CL-44 Forty Four **Canada**

Die Canadair CL-44D ist ein Langstrecken-Frachtflugzeug auf der Basis der Bristol Britannia und des von ihr abgeleiteten »Canadair Argus« Seeaufklärungsflugzeugs. Sie sollte ursprünglich Propellertriebwerke des Typs Bristol Orion erhalten, man wechselte auf die Tyne über, als die Orion auslief. Das erste militärische CL-44D Muster für die kanadische Luftwaffe (Bezeichnung CC-106 Yukon) flog am 15. November 1959. Diese Version hat eine normale Beladung durch acht breite Frachttüren an den Rumpfseiten. Eine Zivilversion wurde unter der Bezeichnung CL-44D4 entwickelt, bei welcher der gesamte hintere Rumpf seitlich aufklappbar ist, so daß Fahrzeuge und sperrige Güter von der Rückseite her gerade in den Frachtraum gebracht werden können. Das erste hinten aufklappbare Muster, die CL-44D4, flog am 16. November 1960. Die letzte von vier CL-44- welche die Loftleidir für Billigflüge über den Atlantik gekauft hatte, wurde vor Auslieferung zur CL-44J oder Canadair 400 Standard abgeändert, mit einem um 4,57 m verlängerten Rumpf und einer Sitzkapazität für 214 Passagiere. Sie machte in dieser Form am 8. November 1965 ihren Erstflug; 3 andere CL-44D der Loftleidir wurden später auf denselben Standard umgebaut, während eine fünfte Maschine, die vor kurzem erworben wurde, nicht modifiziert wurde. Unter den Benutzern der CL-44D sind die British Air Ferries, Cargolux, Transmeridian und Trans Mediterranean. Am 26. November 1969 machte die Conroy CL-440 ihren Erstflug, eine modifizierte CL-44D mit einem übergroßen »Guppy-Typ«-Rumpf. Sie wurde

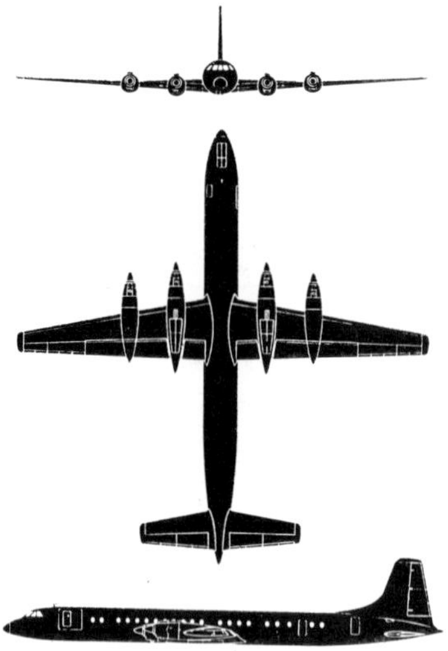

Langstrecken-Passagier/Fracht-
flugzeug im Einsatz
Photo: CL-44D
Silhouette und Daten: Canadair 400

Unterbringung: Besatzung 4, und 28725 kg Fracht oder 214 Passagiere
Antrieb: Vier Rolls-Royce Tyne 515/10 Propellerturbinen mit 5730 Wellen-PS
Spannweite: 43,37 m
Länge: 46,28 m
Fluggewicht: 95250 kg
größte Zuladung: 28725 kg
max. Reisegeschwindigkeit: 620 km/h in 6100 m Höhe
Reichweite: 5250 km mit max. Zuladung

auf Leasing-Basis 1970 einige Monate lang von der Transmeridian geflogen. Als die kanadische Luftwaffe im Jahre 1971 ihre Yukon-Flugzeuge zur Verfügung stellte, kamen einige Exemplare zum Einsatz bei zivilen Fluggesellschaften, hauptsächlich in Afrika und Südamerika.

Convair-Liner 240, 340 und 440 und Convair 580 und 600/640 — USA

Das ursprüngliche Modell 240 (Erstflug am 16. März 1947) wurde als DC-3 Ersatz gebaut, mit 2400 PS R-2800-CA-18 Triebwerken, einer Spannweite von 27,98 m, einem Abfluggewicht von 22544 kg und Unterbringungsmöglichkeit für 40 Passagiere. Einige dieser Maschinen bleiben zusätzlich zu den verbesserten 340 und 440 Metropolitan im Flugdienst. Die ersten 340 Muster flogen am 5. Oktober 1951. Ihre Merkmale waren vergrößerte Spannweite, verlängerter Rumpf für 44 Passagiere, neue Triebwerke (R-2800-CB16 oder CB17) und ein erhöhtes Abfluggewicht von 21318 kg. Der Prototyp des Musters 440 Metropolitan flog am 6. Oktober 1955 mit überarbeiteter vorderer Motorverkleidung und anderen Detailänderungen zur Verbesserung der Flugleistung und Reduzierung des Kabinenlärms. Turboprop-Versionen wurden mit Allison 501-D13 und Rolls-Royce Dart Triebwerken entwickelt. Die erste Convair 600 (Umbau des Musters 240) flog am 20. Mai 1965, und die erste 640 (340/440 Umbau) am 20. August 1965. Die Central Airlines war die erste Fluggesellschaft, welche die mit Dart-Triebwerken ausgerüstete Version am 20. September 1965 übernahm. Die mit Allison Motoren angetriebene Convair 580 wurde von den Allegheny Airlines geflogen (42 einschließlich der ursprünglich von Lake Central geflogenen Maschinen), weitere Gesellschaften waren die Avensa (7), Frontier Airlines (32), und North Central (34); Convair 600/640 Umbauten mit Dart-Triebwerken wurden von der Air Algerie (4), Caribair (6), Hawaiian (8), Martinair (2), Pacific Western (3), SATA (1) und Texas Internatio-

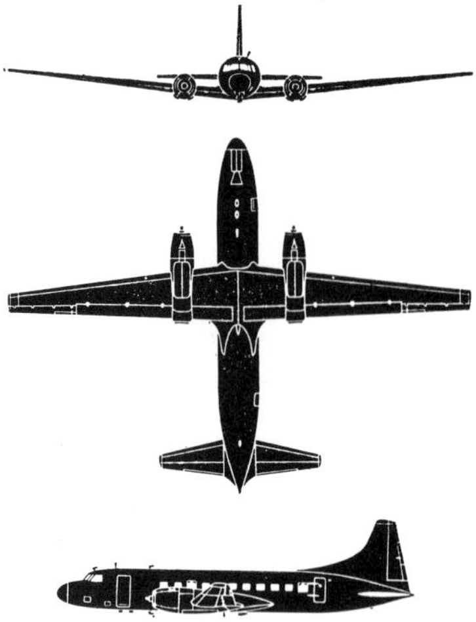

Mittelstreckenverkehrsflugzeug
im Einsatz
Photo und Daten: Convair 640
Silhouette: Convair 440

Unterbringung: Besatzung 3–4,
und 44–56 Passagiere
Antrieb: Zwei Rolls-Royce Dart 542-4
(RDa10) Propellerturbinen mit 3025
Wellen-PS
Spannweite: 32,12 m
Länge: 24,84 m
Fluggewicht: 24950 kg
größte Zuladung: 7165 kg
Reichweite: 3060 km

nal (25) geflogen. 1974 hatten einige dieser Fluggesellschaften die Turboprop Convair aus dem Verkehr gezogen, was zu Zweithand-Erwerbungen durch andere Fluggesellschaften führte, darunter die Seulawah Air Service in Indonesien. Viele Convair 580 werden als Geschäftsreiseflugzeuge hauptsächlich in den USA verwendet.

Convair 880 und 990 Coronado USA

Die Convair Familie von Hochleistungs-Düsenverkehrsflugzeugen wurde zuerst im April 1956 bekannt, als TWA und Delta 30 bzw. 10 Maschinen unter der Projektbezeichnung **Skylark 600** und **Golden Arrow** bestellten. Die ursprüngliche Version, welche unter der Bezeichnung **Convair 880** bekannt wurde, machte am 27. Januar 1959 mit CJ805-3 Triebwerken (5080 kp Standschub) ihren Erstflug. Zusätzliche Kraftstoffkapazität bot die Convair 880 M, die auch leistungsstärkere Triebwerke und höhere Abfluggewichte aufwies. Diese Version flog am 3. Oktober 1960 und wurde von verschiedenen ausländischen Fluggesellschaften bestellt. 1973 hatten die meisten Gesellschaften ihre Convair 880 aus dem Verkehr gezogen, der letzte Benutzer dieseses Typs war die Cathay Pacific, die einige Maschinen von der JAL zu den bereits in ihrem Flugzeugbestand vorhandenen erworben hatte. Diese in Hong-Kong stationierte Fluggesellschaft sollte ihre 880 im Laufe des Jahres 1974 durch Boeing 707 ersetzen. Die aus der Convair 880 für die Gegebenheiten der inneramerikanischen Fluggesellschaften auf den Hauptflugstrecken entwickelte **Convair 990 Coronado** (bis Ende 1960 als Convair 600 bekannt) hatte einen um 3,05 m verlängerten Rumpf und Turbofan-Triebwerke. Ein besonderes Merkmal dieser Maschinen waren auch vier konische über die hintere Flügelkante hinausgehende Verkleidungen nach der sogenannten »Flächenregel«. Der Erstflug fand am 24. Januar 1961 in San Diego statt, die Auslieferungen verzögerten sich jedoch dadurch, daß der hohe Luftwiderstand Geschwin-

Mittel- bis Langstreckenverkehrsflugzeug im Einsatz
Photo, Silhouette und Daten: CV-990A

Unterbringung: Besatzung 3–5, und bis zu 106 Passagiere
Antrieb: Vier General Electric CJ805-23B Turbofans mit 7280 kp Standschub
Spannweite: 36,58 m
Länge: 42,43 m
Fluggewicht: 114760 kg
größte Zuladung: 11992 kg
max. Reisegeschwindigkeit: 990 km/h in 6100 m Höhe
Reichweite: 6120 km

digkeit und Reichweite außerhalb der garantierten Grenzwerte reduzierte und eine umfangreiche Flugerprobung und ein Änderungsprogramm notwendig machte. Die 990 erhielt im Dezember 1961 ihre Zulassung und im Laufe des Jahres 1962 begannen die amerikanischen Luftfahrtgesellschaften 20 Maschinen des Musters CV-990A in den Liniendienst zu nehmen, wobei das A in der Bezeichnung eine Reihe von Änderungen angibt, besonders die Triebwerksaufhängung und die Pylonen zur Reduzierung des Luftwiderstandes. Swissair hatte 7 Maschinen, von denen 2 im Leasing-Verfahren an die Balair gingen; 2 wurden von der Garuda Indonesian Airways geflogen, 2 von Varig und 3 wurden von den Aerolinears Peruanas (APSA) bis zur Einstellung des Flugbetriebs dieser Gesellschaft im Jahre 1971 benutzt. Nachdem die American Airlines ihre Convair 990A aus dem Verkehr zog, wurden die meisten dieser Flugzeuge an andere Gesellschaften, darunter die Spantax mit 7 und Modern Air Transport mit 10 verkauft. Die Swissair zieht ihre verbleibenden 990 im Jahre 1975 zurück.

Curtiss C-46 Commando USA

Die Curtiss Wright CW-20 wurde 1938 als druckbelüftetes Verkehrsflugzeug für die American Airlines konstruiert, und ein Prototyp machte am 26. März 1940 seinen Erstflug. Dieses Flugzeug kam während des Krieges bei der BOAC unter dem Namen St. Louis in den Flugdienst. Das Muster CW-20 ohne Druckkabine ging für die USAAF als C-46 in Produktion.
Über 3000 dieser robusten und geräumigen Transportflugzeuge wurden gebaut, und 1973 sollen 126 noch immer im Liniendienst gewesen sein, hauptsächlich in Mittel- und Südamerika. Die letzten der wenigen als Frachtmaschinen fliegenden Exemplare wurden inzwischen aus dem Verkehr gezogen. Verschiedene Änderungspläne sollten die Flugleistung der C-46 verbessern, um den zivilen Zulassungsbestimmungen zu genügen, was zu Bezeichnungen wie Super 46C und C-46R führte. Eine Version (Bezeichnung C-46F) hat zwei Marboré Hilfsdüsen unter ihrem Rumpf.

Mittelstreckenverkehrsflugzeug
im Einsatz

Unterbringung: Besatzung 2 und bis zu 62 Passagiere
Antrieb: Zwei 2000 PS Pratt & Whitney durch R-2800-5IMI Kolbenmotoren
Spannweite: 32,92 m
Länge: 23,27 m
Fluggewicht: 21770 kg als Frachter
größte Zuladung: 7983 kg
max. Reisegeschwindigkeit: 300 km/h in 2135 m Höhe
typische Reichweite: 1885 km mit 2585 kg Zuladung

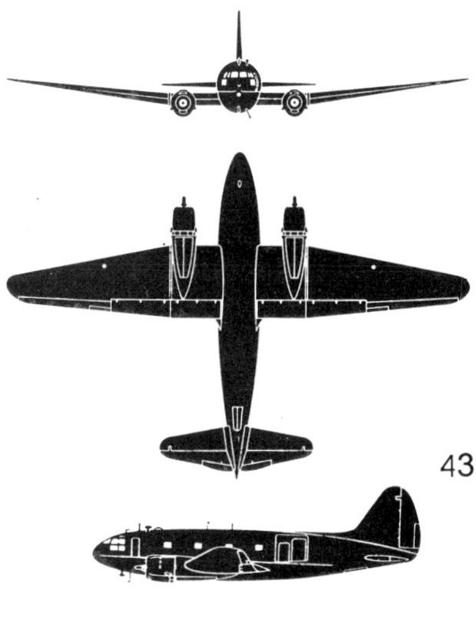

Dassault-Breguet Falcon 30 und Mystère 40-100 **Frankreich**

Die Mystère 40 (und Falcon 30) ist die letzte Variante in der Mystère/Falcon-Baureihe kleiner von Dassault-Bréguet produzierter Verkehrsflugzeuge (siehe auch Falcon 10, Seite 77 und Falcon 20, Seite 78). Das Projekt war ursprünglich als die Falcon 20T geplant, die im Grundaufbau eine Falcon 20 mit einem neuen Rumpf für etwa 26 Fluggäste war. Die Projektgröße wurde später für ein Angebot von 30 Sitzen vergrößert, mit höheren Gewichten und leistungsstärkeren Triebwerken, infolgedessen wurde der Name in Falcon 30 geändert. Mit einem Maximum von 30 Passagieren kann diese Variante gemäß den US-Bestimmungen für Verkehrsflugzeuge der dritten Ebene zugelassen werden. Dasselbe Flugzeug kann jedoch für Flüge außerhalb der USA mit hochdichter Bestuhlung (Vierer- statt Zweier-Reihen) ausgerüstet werden, und in dieser Form ist es als Mystère 40 bezeichnet. Ein nicht offizieller Prototyp der Falcon 30 machte am 11. Mai 1973 seinen Erstflug und wurde nach einer Reihe erster Erprobungsflüge modifiziert: das Flugzeug erhielt einen etwas längeren Rumpf, ein verbreitertes Leitwerk und weitere Änderungen, wofür Erprobungsflüge angesetzt wurden. Später wurde ein zweiter Prototyp mit größerem Rumpfdurchmesser gebaut, wie es für das Serienbaumuster geplant war. Der erste Abnehmer soll die Touraine Air Transport sein, die sich im Jahre 1973 das Vorkaufsrecht auf vier Mystère 40 sicherte.

Dassault-Bréguet Mercure **Frankreich**

Das Mercure Programm wurde 1968 von Dassault als private Unternehmung begonnen und sollte ein Versuch sein, den bewährten amerikanischen Kurzstrecken-»Zweimotorern« wie der Boeing 737-200, die ähnliche Daten aufweist, eine europäische Alternative zu bieten. Die französische Regierung stimmte später einer Bereitstellung von 56 % der Entwicklungskosten zu und Dassault schloß mit Firmen außerhalb Frankreichs Verträge ab, in denen weitere 30 % zwischen Italien, Belgien, Spanien, der Schweiz und Kanada aufgeteilt wurden. Der erste Prototyp hatte JT8D-11 Triebwerke mit 6800 kp Standschub und wies einen verkürzten Rumpf auf; er machte am 28. Mai 1971 seinen Erstflug und wurde nach 20 Flügen mit JT8D-15 Triebwerken ausgerüstet, mit denen er wieder im September flog. Eine weitere Serie im November durchgeführter Änderungen betraf auch die Einführung eines V-förmigen Höhenleitwerks. Ein zweiter Prototyp mit den hier angegebenen technischen Daten machte am 7. September 1972 seinen Erstflug, ihm folgte am 19. Juli 1973 die erste Serienmaschine. Die innerfranzösische Fluggesellschaft Air Inter bestellte zehn Mercure, von denen die erste im Frühsommer des Jahres 1974 ausgeliefert wurde, vier weitere am Jahresende, die anderen fünf Exemplare waren für die Auslieferung im Jahre 1975 vorgesehen. Dassault-Bréguet hat eine Mercure 200 mit JT8D-17 Triebwerken und 59000 kg Fluggewicht projektiert und Projektstudien für eine Super Mercure mit den neuen SNECMA/GE CFM-56 Turbofan Triebwerken gemacht; keines dieser Projekte wurde jedoch 1974 durchgeführt.

De Havilland DHC-7 Dash-7 **Kanada**

De Havilland Canada setzt mit der Dash-7, dem bisher größten von der Firma in Ontario je gebauten Flugzeug, seine erfolgreiche Serie spezialisierter STOL-Flugzeuge fort. Frühere Flugzeuge waren die Beaver, Otter, Twin Otter, Caribou und Buffalo. Die mit finanzieller Unterstützung der kanadischen Regierung entworfene und gebaute Dash-7 ist eine vollständig neue Konstruktion, die sich zahlreicher bei der Havilland gemachter Erfahrungen bezüglich Kurzstart- und Landeeigenschaften durch Hochauftriebssysteme – große Doppelschlitzklappen im Nachstrom der vier langsamdrehenden Propeller mit großem Durchmesser zunutze macht. Im Verlauf der ersten Marktstudien für die DHC-7 gaben einige kanadische Fluggesellschaften Kaufabsichtserklärungen ab; der erste im Dezember 1973 ausgesprochene feste Auftrag kam von der norwegischen Wideroe's Flyveselskap A/S. Er betraf zwei Dash-7, die Anfang 1977 ausgeliefert werden sollten. Zwei weitere wurden von den Rocky Mountain Airways bestellt, damit das Flugzeug in die Serienfertigung gehen konnte. Der Jungfernflug der ersten von zwei Vorserienprototypen wurde zum Jahresende 1974 angesetzt. Zuvor wurde ein vollständiges PT6A-50 Propeller-Turbinen-Triebwerk mit fünfblättrigem Hamilton Standard Propeller im Rumpfbug einer **Viscount** im Testflug erpropt.

Daten der Dassault-Bréguet Falcon 30 und Mystère 40-100 (Seite 44)

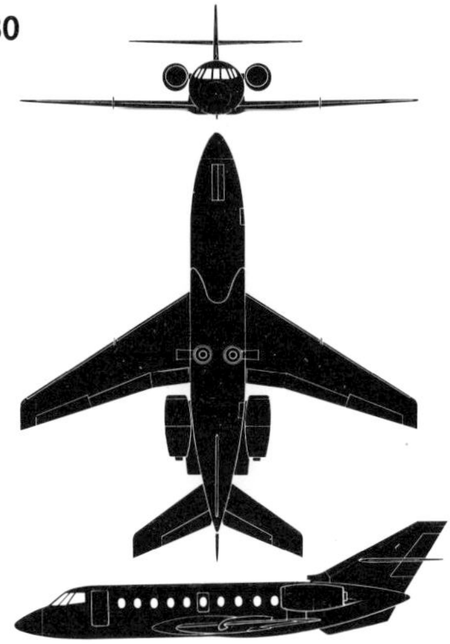

Photo: Falcon 30 / Daten: Mystère 40-100
Kurzstrecken- und Nahverkehrsflugzeug der dritten Ebene; in der Entwicklung

Unterbringung: Besatzung 2, und bis zu 40 Passagiere
Antrieb durch: Zwei Avco Lycoming ALF 502 D Turbofans mit 2750 kp Standschub
Spannweite: 18,03 m
Länge: 19,87 m
Fluggewicht: 16000 kg
größte Zuladung: 4142 kg
max. Reisegeschwindigkeit: 835 km/h
Reichweite: 1380 km mit max. Zuladung und bis zu 4070 km mit max. Kraftstoff

Daten der Dassault-Brèguet Mercure (Seite 45)

Kurz/Mittelstreckenverkehrsflugzeug mit großer Kapazität, in Produktion und Einsatz
Unterbringung: Besatzung 2–4, und bis zu 155 Passagiere
Antrieb durch: Zwei Pratt & Whitney JT8D-15 Turbofans mit 7030 kp Standschub
Spannweite: 30,55 m
Länge: 34,84 m
Fluggewicht: 54000 kg
größte Zuladung: 15000 kg
max. Reisegeschwindigkeit: 925 km/h in 6100 m Höhe
Reichweite: 925 km mit 140 Passagieren (mit Reserven)

Daten der De Havilland DHC-7 Dash-7 (Seite 46)

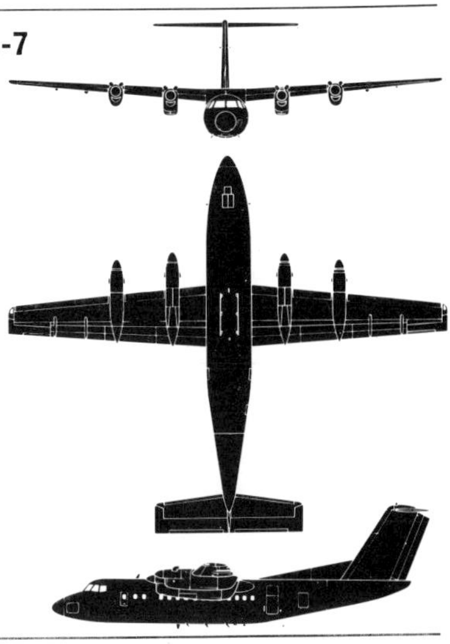

Kurzstrecken-Nahverkehrsflugzeug der dritten Ebene mit STOL-Eigenschaften in der Entwicklung

Unterbringung: Besatzung 2, und 48–54 Passagiere
Antrieb: Vier Pratt & Whitney (UACL) PT6A-50 Propellerturbinen mit 1120 Wellen-PS
Spannweite: 28,25 m / Länge: 24,50 m
Fluggew.: 18597 kg / gr. Zulad.: 4017 kg
max. Reisegeschwindigkeit: 441 km/h in 2286 m Höhe
Reichweite: etwa 1200 km mit max. Zuladung und bis zu 3220 km mit max. Kraftstoff

Douglas DC-3 (und Dakota, C-47) USA

Als das am weitesten verbreitete Verkehrsflugzeug der Geschichte begann diese Maschine ihre Laufbahn im Jahre 1936: die Douglas D S T (Douglas sleeper transport) war mit Schlafkabinen für 14 Passagiere ausgerüstet, die DC-3 konnte 21 Passagiere aufnehmen. Letztere Maschine war über die DC-2 aus der DC-1 entwickelt worden, die am 1. Juli 1933 ihren Erstflug machte. Die DST wurde am 22. Dezember 1935 in Santa Monica zuerst geflogen und trat im Mai 1936 bei den American Airlines in den Liniendienst. Im Laufe des 2. Weltkrieges wurde sie Amerikas Standard-Mittelstrecken-Militär-Transportflugzeug unter Bezeichnungen wie C-47, C-53 und C-117 und viele der 10225 damals gebauten Maschinen wurden später für zivile Zwecke umgebaut. 430 neue DC-3 wurden hauptsächlich vor dem Krieg zusätzlich gebaut, einige wenige nach 1945. Im zivilen Verwendungsbereich erhielten diese Flugzeuge gewöhnlich die Bezeichnungen DC-3 oder Dakota, letztere war der RAF-Name für die Militär-Transport-Version im Kriege. Obwohl die Verwendung der DC-3 im Linienpassagierdienst jetzt im Abnehmen begriffen ist, gibt es Gebiete auf der Erde, wo Flugleistung und Kosten dieses Flugzeug unentbehrlich machen. Für Charter-, Fracht- und sonstige Flüge findet es immer noch verbreitete Verwendung. Aus ICAO Statistiken ist ersichtlich, daß 1969 immer noch 871 DC-3 als Verkehrsflugzeuge im Flugdienst waren, was über 12 % der von der ICAO erfaßten Verkehrsflugzeuge ausmacht. Diese Zahl ist später etwas kleiner geworden, obwohl durch das Vorhandensein zu-

Mittelstrecken-Passagier oder Frachtflugzeug im Einsatz
Photo: DC-3 für Kopfdüngungsarbeiten ausgerüstet
Die Daten beziehen sich auf die Dakota 4

Unterbringung: Besatzung 3, und bis zu 36 Passagiere
Antrieb durch: Zwei 1200 PS Pratt & Whitney R-1830-90C oder -90D Kolbenmotoren
Spannweite: 28,96 m
Länge: 19,66 m
Fluggewicht: 12700 kg
größte Zuladung: 3000 kg
normale Reisegeschwindigkeit: 275 km/h in 1830 m Höhe
max. Reichweite: 2420 km

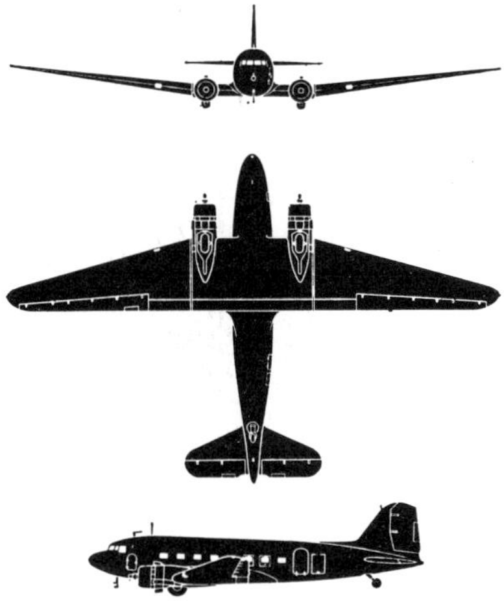

sätzlicher Militärmaschinen die Außerdienststellung überalteter ziviler Exemplare ausgeglichen wurde. Über 500 Maschinen sind 1974 noch im Liniendienst gewesen.

Douglas DC-4 (und Carvair) **USA**

Der Prototyp DC-4, der sein amerikanisches Lufttüchtigkeitszeugnis als ziviles Verkehrsflugzeug im Mai 1939 erhielt, war eine Konstruktion mit Dreifach-Seitenleitwerk und vier 1450 PS P&W R-2180 Twin-Hornet Motoren und Sitzen für 52 Fluggäste; sie wurde erstmals am 7. Juni 1938 geflogen. Nach Erprobungsflügen wurde die Konstruktion verkleinert, es wurden Verfeinerungen vorgenommen, und das Muster kam in die Serienfertigung. Vor dem Eintritt in den Liniendienst führten die amerikanischen Kriegsanforderungen zur weiteren Modifikation in einen Militärtransporter, und bei den meisten der bis heute im weltweiten Einsatz stehenden Flugzeuge dieses Typs handelt es sich um vormals militärische C-54 Skymaster. Allerdings wurden nach dem Kriege 79 zivile DC-4 gebaut. Die C-54 machte am 14. Februar 1942 ihren Erstflug und trat im Laufe des Jahres 1943 in den Flugdienst; der Liniendienst begann Anfang 1946. Wenige größere Fluggesellschaften verwenden noch die DC-4, aber von unabhängigen Haltern und Charter-Gesellschaften in der ganzen Welt werden über 100 Exemplare mit breiteren Ladetüren und verstärkten Böden zum Frachttransport benutzt.
Die Carvair ist ein Spezial-Frachtflugzeug auf der Grundlage der DC-4 Zelle. Ihre Konstruktion wurde von der Aviation Traders Ltd. ins Leben gerufen. Die Hauptanforderung war die Beförderung von Fahrzeugen über den Ärmelkanal von und nach Großbritannien im Liniendienst, und zu diesem Zweck wurde die Vorderseite der DC-4 weitgehend neu konstruiert, um die direkte

Mittelstrecken-Passagier- und Fracht-
flugzeug, im Einsatz
Photo, Daten und Silhouette: Carvair

Unterbringung: Besatzung 2 oder 3, und bis zu 85 Passagiere oder 22 Passagiere und 4–6 Autos
Antrieb durch: Vier 1450 PS Pratt & Whitney R-2000-7M2 Kolbenmotoren
Spannweite: 35,82 m
Länge: 31,27 m
Fluggewicht: 33475 kg
max. Reisegeschwindigkeit: 340 km/h
typische Reichweite: 3700 km mit voller Zuladung bei 330 km/h in 3050 m Flug-Höhe

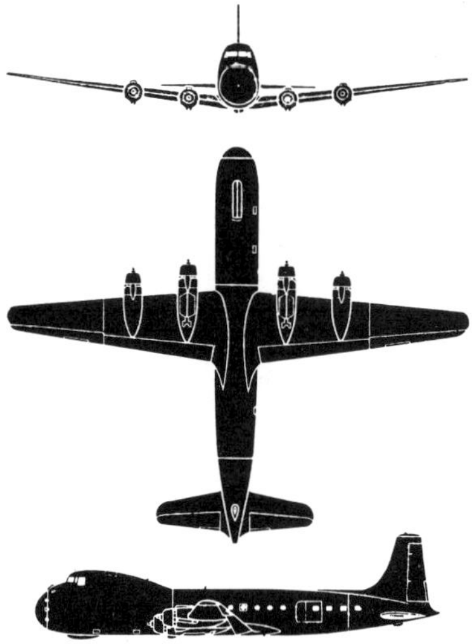

Verladung von Autos oder Fracht zu ermöglichen. Das machte die Verlegung der Kanzel in einen »Buckel« hoch über die normale Rumpfoberseite erforderlich; zusammen mit dieser Modifikation ging eine Erweiterung der Seitenleitwerksfläche, Änderung des Innenraumes betrafen die Steuerleitungen. Der Prototyp des Carvair Umbaus (G-ANYB) machte am 21. Juni 1961 seinen Erstflug. Insgesamt wurden schließlich 21 Maschinen umgebaut. Die British Air Ferries waren 1974 der einzige bedeutende Halter von Carvair Maschinen. Sie hatte 7 Flugzeuge dieses Typs im Einsatz und hatte vormals in Kanada und Australien geflogene Exemplare dazuerworben.

Douglas DC-6 und DC-7 Baureihe **USA**

Die DC-6 wurde nach dem Kriege als größerer, leistungstärkerer und mit Druckluftbelüftung versehener Nachfolger der DC-4 entwickelt, wobei der Prototyp auf einen Militärauftrag hin unter der Bezeichnung XC-112 gebaut wurde. Der Erstflug fand am 15. Februar 1946 statt. Die erste Version für zivile Fluggesellschaften hatte 2400 PS R-2.800-CA-15 Motoren und war 30,66 m lang. Ihr folgte die verlängerte DC-6A Liftmaster Frachtmaschine und die DC-6B Passagier-Version. Die zunächst für die Slick Airways gebaute DC-6A hatte eine Länge von 32,20 m, während die DC-6B durch Einbau einer wahlweise lieferbaren Radareinrichtung im Rumpfbug noch weiter bis auf 32,51 m verlängert wurde. Erstflüge fanden jeweils am 29. September 1949 und 10. Februar 1951 statt. Einschließlich 167 militärischer Baumuster der DC-6A (USAF C-118A, USN R6D-1) baute Douglas 704 Flugzeuge des Musters DC-6, von denen 175 DC-6, 77 DC-6A und 286 DC-6B waren. Im Jahre 1973 waren etwa 160 DC-6 in verschiedenen Teilen der Welt weiter im Einsatz, hauptsächlich als Frachtflugzeuge für billige Charterflüge.

Als weitere Entwicklung der DC-4/DC-6 Reihe unterschied sich der Grundtyp der DC-7 hauptsächlich durch seine vier 3250 PS-R-3350-18DA1 Motoren, seine Länge von 33,24 m und sein Abfluggewicht im beladenen Zustand von 55429 kg. Die DC-7B war eine Interkontinentalversion mit 3350 PS-R-3350-18DA4 Motoren, erhöhter Kraftstoffkapazität und einem Gewicht im beladenen Zustand von 57153 kg. Die letzte Entwicklung war die DC-7C **Seven**

Langstreckenverkehrsflugzeug
im Einsatz
Photo: DC-7F
Daten und Silhouette: DC-7C

Unterbringung: Besatzung 3–5, und 69–105 Passagiere
Antrieb durch: Vier 3400 PS Wright R-3350-18EA-4 Turbo-Verbund-Kolbenmotoren
Spannweite: 38,80 m / Länge: 34,23 m
Fluggew.: 64865 kg / gr. Zulad.: 9752 kg
Reisegeschwindigkeit: 500 km/h in 6100 m Flughöhe
Typische Reichweite: 6600 km bei 440 km/h mit 6805 kg Zuladung

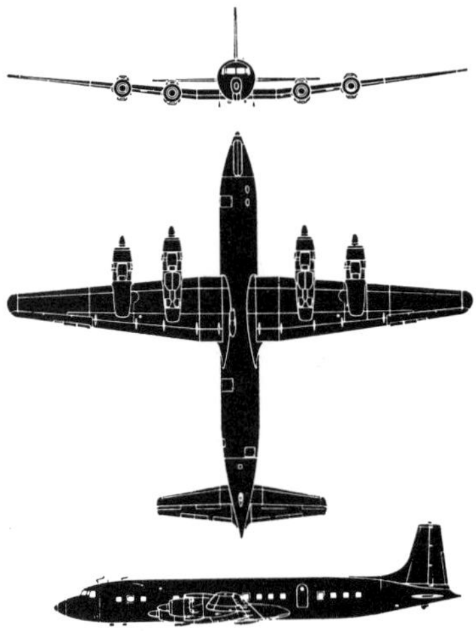

Seas (technische Daten siehe oben) für extreme Langstreckenflüge. Diese drei Varianten machten ihre Erstflüge am 18. Mai 1953, (DC-7), am 25. April 1955 (DC-7B) und am 20. Dezember 1955 (DC-7C). Die Gesamtproduktion umfaßte 336 Maschinen. Am Vorabend des Düsenzeitalters waren die DC-7 für den Liniendienst auf den internationalen Hauptflugstrecken, für die sie konstruiert worden waren, veraltet; aber viele Fluggesellschaften bauten ihre Maschinen auf den DC-7F Standard als Frachtflugzeuge um. Etwa 20 Exemplare der DC-7 Baureihe blieben bis 1973 im Flugdienst.

Fokker-VFW F.27 Friendship und Fairchild Hiller F-27/FH-227 **Niederlande/USA**

Der erste Prototyp der Friendship (PH-NIV) flog am 24. November 1955, wurde ursprünglich von Dart 507 Propellerturbinen angetrieben und hatte Sitze für 28 Fluggäste. Der zweite Prototyp (PH-NVF) wurde am 31. Januar 1957 geflogen und war stellvertretend für das Serienflugzeug, das heute immer noch von Fokker-VFW in den Niederlanden gebaut wird. Die erste von Fokker gebaute Friendship Serienmaschine flog am 23. März 1958, und die erste von Fairchild in den USA in Lizenz gebaute flog am 15. April 1958. Auslieferungen der letztgenannten Maschine begannen im August jenes Jahres, und die West Coast Airlines war die erste Gesellschaft, die am 28. September 1958 die Friendship F-27 flog. Auslieferungen der von Fokker gebauten F-27 setzten ebenfalls 1958 ein, und zwar an Aer Lingus, die dieses Muster im Dezember erstmals in den Liniendienst brachte. Fokker-Varianten erhielten die Bezeichnung Mk. 100 mit Dart 514 Triebwerken; Mk. 200 mit den leistungsstärkeren Dart 532-7; Mk. 300 als 100, aber mit breiter Ladetür und verstärktem Boden für Frachtflüge; Mk. 400 als 300, aber mit Dart 532-7; Mk. 500 mit einem um 1,50 m »gestreckten« Rumpf (Erstflug am 15. November 1967); Mk. 600 als Mk. 200 mit zusätzlicher Frachttür und QC Merkmalen, aber ohne den Mk. 400 Frachtboden. 1965 brachte Fairchild zwei Versionen mit verlängertem Rumpf heraus, die FH-227 mit 1,83 m Streckung und die FH-227B mit weiteren Verfeinerungen, die Flüge mit höheren Fluggewichten ermöglichten. Im April 1974 betrug der Auftragsbestand 616 Flugzeuge für 139 Besteller in

Kurz-/Mittelstreckenverkehrsflugzeug
in Produktion und Einsatz
Photo: Muster 600
Daten: Muster 500

Unterbringung: Besatzung 2–4, und 36–56 Passagiere
Antrieb durch: Zwei Rolls-Royce Dart 532-7 Propellerturbinen mit 2255 Wellen-PS
Spannweite: 29,00 m
Länge: 25,04
Fluggewicht: 20410 kg
größte Zuladung: 5583 kg
normale Reisegeschwindigkeit: 465 km/h in 6100 m Höhe
typische Reichweite: 1685 km mit 52 Passagieren

53 Länder. Darunter sind 128 F-27 und 77 FH-227 von Fairchild. Über 150 Maschinen von der ausgelieferten Gesamtzahl sind für die Verwendung als Geschäftsreiseflugzeug oder für militärische Zwecke und der Rest für Fluggesellschaften.

Fokker-VFW F.28 Fellowship — Niederlande

Fokker gab im April 1962 Einzelheiten der F.28 bekannt und stellte im Juli 1964 Pläne zur Finanzierung der Entwicklung und Produktion von Prototypen fertig, einem Zeitpunkt, in dem die Konstruktion etwas über die ursprünglichen Vorschläge hinausgewachsen war. Die beiden deutschen Firmen MBB und VFW-Fokker beteiligen sich an dem Programm zu etwa 35 % (wobei die deutsche Bundesregierung 60 % am deutschen Anteil übernimmt); Shorts ist mit 19 % am Fellowship Programm beteiligt und verantwortlich für die Detailkonstruktion und den Bau der äußeren Tragflächen und anderer kleinerer Bauteile.
Der Erstflug der F.28 (mit Spey 550 Triebwerken) fand am 9. Mai 1967 statt, das zweite und dritte Flugzeug folgte im weiteren Verlauf desselben Jahres. Der erste Auftrag wurde von der LTU in Deutschland erteilt; andere Aufträge brachten die Gesamtzahl der verkauften Flugzeuge Mitte 1974 auf 86. Zu den Käufern gehören Aero Peru, Air Gabon, Air Nauru, Ansett Airlines of Australia (für MacRobertson-Miller und Airlines of NSW), Braathens, Garuda, Germanair, Ghana Airways, Iberia, Itavia, Martinair, Nigeria Airways, Transair und THY, die Regierungen von Argentinien, der Niederlande von Malaysia, Nigeria und Kolumbien.
Die Fellowship Mk. 2000 hat einen um 2,20 m verlängerten Rumpf zur Unterbringung von bis zu 79 Passagieren. Der auf den Mk. 2000 Standard umgebaute Prototyp der F.28 machte am 28. April 1971 seinen Erstflug. Ein weiteres Entwicklungsprogramm wurde 1972 begonnen, um die F.28 mit Schlitzflügeln zu versehen,

Kurzstreckenjet, in Produktion und Einsatz
Photo und Daten: Mk. 1000
Silhouette: Mk. 6000

Unterbringung: Besatzung 2, und bis zu 65 Passagieren
Antrieb durch: Zwei Rolls-Royce Spey 555-15H Turbofans mit 4390 kp Standschub
Spannweite: 25,09 m
Länge: 29,61 m
Fluggewicht: 31752 kg
max. Reisegeschwindigkeit: 850 km/h in 6400 m Höhe
Reichweite: 1650 km mit max. Zuladung

die eine Erhöhung des Fluggewichtes ermöglichten, ohne die Start- und Landeeigenschaften zu verschlechtern. Andere Änderungen waren schallgedämpfte und leistungsstärkere Spey-Triebwerke sowie erweiterte Tragflächenenden. Die neuen Muster sind die Mk. 5000 (kurzer Rumpf) und Mk. 6000 (langer Rumpf); der Mk. 2000 Prototyp wurde zur Mk. 6000 umgebaut und flog am 27. September 1973 in dieser Form.

Handley Page H.P.R.7 Herald **Großbritannien**

Die Konstruktion der ursprünglichen H.P.R.3 Herald durch das Zweigwerk Reading der Handley Page Ltd. basierte auf einer umfangreichen ab 1950 durchgeführten Marktanalyse. In der ursprünglichen Projektform hatte die Herald vier Leonides Major Kolbenmotoren, und zwei Prototypen wurden mit diesen Motoren geflogen, aber geänderte Marktbedingungen führten zu einer Neubearbeitung der Konstruktion und dem Ersatz der vier Kolbenmotoren durch zwei Dart Propellerturbinen. Beide Prototypen (G-AODE und G-AODF) wurden auf diesen Standard umgerüstet, der erste Flug mit Dart-Triebwerken fand am 11. März 1958 statt. Die erste Serienmaschine der Baureihe 100 (G-APWA) flog im Oktober 1959, und drei Maschinen gingen bei der BEA auf schottischen Flugstrecken in den Liniendienst. Diese Flugzeuge wurden 1966 an die Autair und später im Jahre 1970 an die Lineas Aereas La Urraca verkauft.

Eine Herald Version der Baureihe 200 mit einem um 1,06 m verlängerten Rumpf wurde 1960 bekannt, und die British Island Airways besitzt eine Flotte von 12 Maschinen dieser Version. Andere derzeitige Benutzer der Herald 200 sind die British Midland Airways, Transbrasil, Far Eastern Air Transport, Air Manila, Itavia, Eastern Provincial, Arkia und Europe Aero Service. Eine Gesamtzahl von etwa 35 Herald blieb zu Beginn des Jahres 1974 im Flugdienst.

Hawker Siddeley (Avro) 748 **Großbritannien**

Die Hawker Siddeley Group beschloß im Januar 1959 die Konstruktion und Entwicklung dieses von zwei Dart angetriebenen Zubringerflugzeugs zu forcieren. Der erste Prototyp (G-APZV) machte am 24. Juni 1960 seinen Erstflug, ihm folgte der zweite (G-ARAY) am 10. April 1961, und die erste Serienmaschine (G-ARMV) mit Dart 514 Propellerturbinen mit 1880 Wellen-PS am 30. August 1961. Im weiteren Verlauf des Jahres 1961 wurde das G-ARAY Muster mit Dart R.Da7 Propellerturbinen (2105 Wellen-PS) als Prototyp der Baureihe 2 ausgerüstet. Skyways Coach Air bestellte 3 Maschinen der Baureihe 1 und wurde so die erste Fluggesellschaft, welche im Frühjahr 1962 das Muster 748 flog. Weitere Aufträge für die Baureihe 1 kamen von Aerolineas Argentinas, BKS Air Transport (jetzt Northeast) und Smiths Aviation Division. Zu den zivilen Benutzern der Baureihe 2 und der leistungsstärkeren Baureihe 2A gehören die Air Ceylon, Air Gaspé, Air Illinois, Air Malawi, Air Pacific, Amoco Canada, Avianca, Board of Trade (CAFU), Bouraq International Airways, British Airways, COPA (Panama), Dan-Air, Falcks, Gateway Aviation, Ghana Airways, Korean Airlines, LAN-Chile, LIAT, LAV, Mandala Airways, Merpati, Mount Cook Airlines, PAL, Polynesian, Rousseau, Royal Neapel Airlines, SAA, SAESA, SATA, TACV, TAME, THAI Airways, Transgabon, Varig und Zambia Airways. Die Indian Airlines Corporation erhält 24 Maschinen der Baureihe 2 von einem in Indien durch die Kanpur Division der Hindustan Aeronautics Ltd. errichteten Fließband. Die Gesamtzahl der im April 1974 verkauften Flugzeuge erreichte 296 Stück.

Hawker Siddeley (DH 106) Comet 4 Großbritannien

Die erste von 19 durch BOAC bestellten Comet 4 (G-APDA) machte am 27. April 1958 in Hatfield ihren Erstflug und die nächsten beiden ('PDB und 'PDC) machten die ersten mit Düsenflugzeugen durchgeführten Linienflüge über den Atlantik am 4. Oktober 1958. Dieses war die erste Version einer neuen Familie von Comet-Flugzeugen, die aus der ersten zivilen Düsenverkehrsmaschine entwickelt wurde. Ihre Vorgänger waren die Comet 1 und 1A mit vier de Havilland Ghost Triebwerken, welche von der BOAC und anderen Fluggesellschaften benutzt wurden; die Comet 2 mit etwas verlängertem Rumpf und Avon 504 Triebwerken wurde an das RAF Transport Command ausgeliefert. Die Comet 3 hatte einen wesentlich längeren Rumpf und wies zahlreiche andere Änderungen auf. Die erste Serien-Comet 4B mit verkürzter Tragfläche und ohne Flügeltanks flog am 27. Juni 1959, und dieses Muster trat im April 1960 in den Liniendienst der BEA. Die Comet 4C ist eine Kombination des verlängerten Rumpfes der 4B und der vergrößerten Spannweite der Comet 4; die erste Maschine flog im Oktober 1959. Egyptair benutzt weiter einige Comet 4C. Der einzige weitere zivile Halter ist die Dan-Air mit einer Flotte von sechs Comet 4C, 14 4B und vier 4C am Jahresbeginn 1974.

Daten der Handley Page H.P.R. 7 Herald (Seite 58)

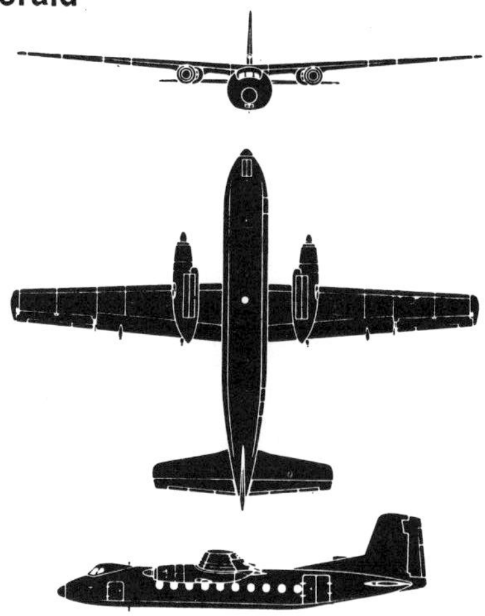

Kurzstreckenverkehrsflugzeug
im Einsatz
Die Daten beziehen sich auf die Baureihe 200

Unterbringung: Besatzung 3, und 38–56 Passagiere
Antrieb durch: Zwei Rolls-Royce Dart 527 Propellerturbinen mit 2105 Wellen-PS
Spannweite: 28,89 m / Länge: 23,01 m
Fluggewicht: 19500 kg
max. Reisegeschwindigkeit: 442 km/h in 4575 m Höhe
größte Zuladung: 5307 kg
typische Reichweite: 1125 km mit max. Zuladung bei 445 km/h mit Reserven

Daten der Hawker Siddeley (Avro) 748 (Seite 59)

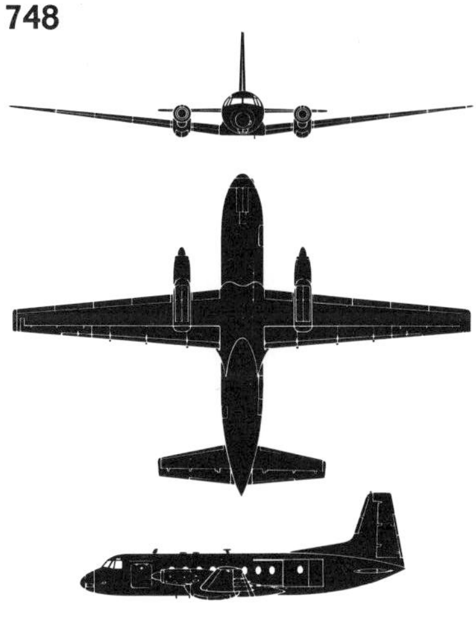

Kurzstreckenverkehrsflugzeug,
in Produktion und Einsatz
Die Daten beziehen sich auf die Baureihe 2A.

Unterbringung: Besatzung 2–3, und 40–58 Passagiere
Antrieb durch: Zwei Rolls-Royce Dart 532-L oder -2S Propellerturbinen mit 2280 Wellen-PS
Spannweite: 30,02 m / Länge: 20,42 m
Flugew.: 20182 kg / gr. Zuladg.: 5350 kg
max. Reisegeschwindigkeit: 448 km/h in 3050 m Höhe
Reichweite: 850 km mit (voller) max. Zuladung bei 415 km/h mit Reserven

Daten der Hawker Sddeley (DH 106) Comet 4 (Seite 60)

Mittelstreckenverkehrsflugzeug
im Einsatz
Photo, Daten und Silhouette: Comet 4B

Unterbringung: 71–101 Passagiere
Antrieb durch: Vier Stahltriebwerke vom Typ Rolls-Royce Avon 525 mit 4760 kp Standschub
Spannweite: 32,87 m
Länge: 35,97 m
Fluggewicht: 71665 kg
größte Zuladung: 10840 kg
max. Reisegeschwindigkeit: 845 km/h in 7160 m Höhe
typische Reichweite: 5020 km mit max. Zuladung bei 745 km/h

Hawker Siddeley (DH 121) Trident Großbritannien

Die British European Airways (jetzt British Airways) legten im Juli 1956 ihre allgemeinen Anforderungen für ein Kurzstrecken-Düsenverkehrsflugzeug dar. Entsprechend dieser Spezifikation wurden die D.H.121 Bristol 200 und Avro 740 schließlich angeboten und die D.H.121 im Jahre 1958 ausgewählt. Ein Vertrag für die Lieferung von 24 Maschinen wurde am 12. August 1959 unterschrieben. Die erste der BEA Trident 1 (G-ARPA) machte am 9. Januar 1962 angetrieben von Spey 505 Triebwerken mit 4468 kp Standschub ihren Jungfernflug. Sie hatte bis zu 103 Sitze und eine Spannweite von 27,38 m. Der BEA Trident 1 folgten 15 Trident 1E mit Spey 511-5 Triebwerken (5170 kp Standschub), bis zu 115 Sitzen, einer Spannweite von 28,96 m und verbesserten Hochauftriebshilfen. Diese Flugzeuge wurden 1974 von den British Airways (4), Cyprus Airways (2), Iraqi Airways (3), CAAC of China (3) und Air Ceylon (1) verwendet. 1965 bestellte BEA 15 Trident Two (2E) mit höheren Fluggewichten und größerer Reichweite. Der Erstflug dieser Version fand am 27. Juli 1967 statt, und die Maschine trat im April 1968 in den Liniendienst. Zwei Exemplare wurden später von den Cyprus Airways gekauft, und China hat 33 für die CAAC bestellt. Dieser Variante folgte die Trident Three mit verlängertem Rumpf, mehr Sitzen und einem R-R RB. 162-86 Düsentriebwerk im hinteren Rumpf zur Erhöhung der Startleistung. Der Erstflug wurde am 11. Dezember 1969 gemacht, und der erste Start, bei dem die RB.162 benutzt wurde, fand am 22. März 1970 statt. Die BEA bestellte 26 Trident Three und

Kurz-/Mittelstreckenverkehrsflugzeug
in Produktion und Einsatz
Die Daten beziehen sich auf die Trident Three
Photo: Trident 2E / Silhouette: Trident 1

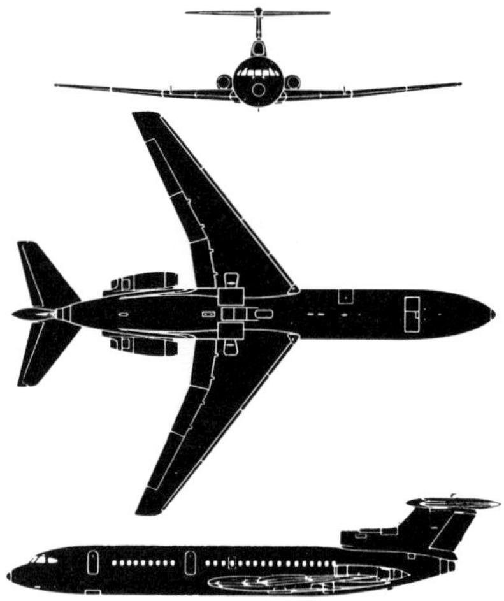

Unterbringung: Besatzung 3 oder 4, und 128–180 Passagiere
Antrieb durch: Drei Rolls-Royce Spey Mk 512-5W Turbofans mit 5425 kp Standschub und ein Stahltriebwerk vom Typ Rolls-Royce RB.162-86 mit 2381 kp Standschub
Spannweite: 29,87 m / Länge: 39,98 m
Fluggew.: 68040 kg / gr. Zuladg.: 15296 kg
max. Reisegeschwindigkeit: 965 km/h in 8625 m Höhe
typische Reichweite: 1760 km mit max. Zuladung bei 860 km/h mit Reserven

brachte das Muster im April 1971 in den Liniendienst. China machte eine erste Bestellung für 2 Super Trident 3B mit 152 Sitzen, vergrößerter Kraftstoffkapazität und einem Fluggewicht von 71667 kg.

Hawker Siddeley H.S.146 **Großbritannien**

Als erstes von der britischen Flugzeugindustrie seit vielen Jahren ohne ausländische Partnerfirmen entwickeltes Verkehrsflugzeug wurde die H.S. 146 ausgesprochen im Hinblick auf die neuesten Lärmvorschriften konstruiert. Das Grundziel ihrer Konstrukteure war es, ein mit den großen breitrümpfigen Verkehrsmaschinen vergleichbares Sitzangebot zu bringen, in Verbindung mit konkurrenzfähigen Betriebskosten, guten Start- und Landeeigenschaften und niedrigem Geräuschniveau. Die britische Regierung gab im August 1973 ihre Unterstützung für das Entwicklungsprogramm bekannt, und der Prototyp sollte erstmals im Jahre 1975 fliegen. Er wird entsprechend dem H.S.146-100 Standard wie beschrieben und abgebildet gebaut. H.S. 146-200 wird ihr bis auf den verlängerten Rumpf zur Unterbringung von bis zu 102 Fluggästen entsprechen.

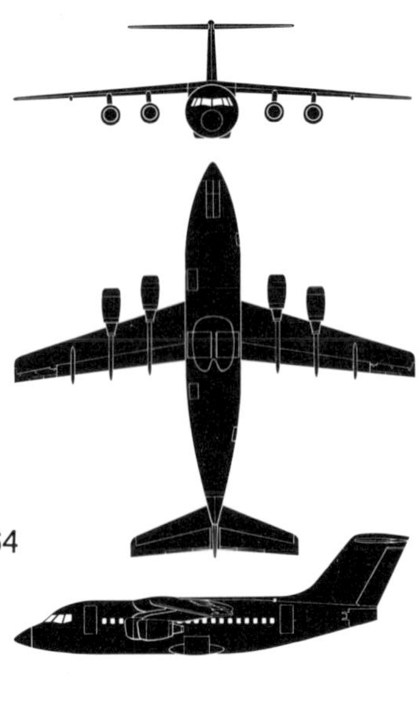

Kurzstreckenverkehrsflugzeug
in der Entwicklung
Die Daten beziehen sich auf die
H.S.146-100

Unterbringung: Besatzung 2, und
70–90 Passagiere
Antrieb durch: Vier Avco Lycoming
ALF 502-H Turbofans mit 2948 kp
Standschub
Spannweite: 26,37 m / Länge: 26,16 m
Fluggew.: 33293 kg / gr. Zuladg.: 8391 kg
max. Reisegeschwindigkeit: 785 km/h
in 6700 m Höhe
Reichweite: 1110 km mit max. Zuladung
mit Reserven

Jljuschin Jl-14 und Avia 14 **UdSSR**

Die Jl-14 von Jljuschin, welche aus der ihr entsprechenden, jedoch leistungsschwächeren Jl-12 entwickelt wurde, war eines der meistgefertigten Verkehrsflugzeuge der Nachkriegszeit. Sie wurde zu Tausenden für den Einsatz bei den sowjetischen Luftstreitkräften der Aeroflot und den Fluglinien Chinas und anderer Länder in Osteuropa gebaut. Zwei Versionen sind im zivilen Dienst: die Jl-14P, in der 18–26 Fluggäste untergebracht werden konnten, und die Jl-14M mit längerer Kabine für 24–28 Sitze. Die staatliche ostdeutsche Flugzeugfabrik baute die Jl-14P ebenso wie die Avia Werke in der Tschechoslowakei. Die tschechische Avia 14 kann mit Zusatztanks an den Flügelenden ausgerüstet werden; die Passagierversion hat die Bezeichnung Avia-14 Salon, und eine Version mit breiten Ladetüren und verstärktem Boden wurde als Frachtflugzeug gebaut. Viele Jl-14 sind noch immer in Rußland eingesetzt und ein paar andere können im Dienst bei solchen Fluggesellschaften wie Balkan Bulgarian, Cubana, CSA und Tarom beobachtet werden. Es wird angenommen, daß mehr als 50 Exemplare noch immer bei der CAAC in China fliegen.

Kurzstreckenverkehrsflugzeug
im Einsatz
Unterbringung: Besatzung 3, und
18–28 Passagiere
Antrieb durch: Zwei 1900 PS ASh-82T
Kolbenmotoren
Spannweite: 31,67 m
Länge: 21,26 m
Fluggewicht: 17235 kg
größte Zuladung: 2450 kg
max. Reisegeschwindigkeit: 318 km/h
in 2900 m Höhe
Typische Reichweite: 1480 km mit voller
Zuladung bei 260 km/h

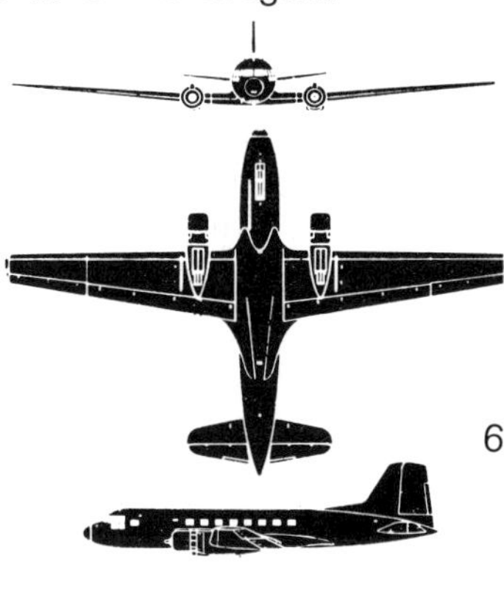

Jljuschin Jl-18 UdSSR

Die Jl-18 ist ein Zeitgenosse der amerikanischen Electra und in der Flugleistung mit der Electra und Vanguard vergleichbar. Sie wurde erstmals im Juli 1957 geflogen, und 20 Maschinen wurden schnell für Flugversuche und Erprobung sowie Entwicklungsflüge produziert. Diese Versuchsflugzeuge wurden entweder von Al-20 Propellerturbinen oder der älteren Kusnezow NK-4 mit ähnlicher Leistung angetrieben. Das erstgenannte Triebwerk wurde für die Serien Jl-18 als Standard vorgesehen. Linienfrachtflüge wurden von Jl-18 in den ersten Monaten des Jahres 1959 vorgesehen. Ihnen folgten die ersten Passagierflüge auf den Strecken von Moskau nach Alma Ata und Adler am 20. April. Die Jl-18 wurde von der Aeroflot von 1960 an auf vielen innerrussischen und internationalen Strecken eingesetzt. Es ist das erfolgreichste sowjetische Verkehrsflugzeug für den Export und wurde an die Air Guinée (3), Air Mali (3), Air Mauritanie (1), Balkan Bulgarian Airlines (12), CAAC in China (wenigstens 15), CSA (11), Cubana (5), Egypt Air (5), Ghana Airways (8, später an Rußland zurückgegeben), die ostdeutsche Interflug (16) LOT (8), Malev (9), Royal Afghan Airlines (1), Tarom (14) und Yemen Arab Airlines (1) sowie einigen ausländischen Regierungen und Luftstreitkräften geliefert. Die Standard Aeroflot Version ist die 90/110-sitzige Jl-18V mit Al-20K Propellerturbinen von 4000 Wellen-PS. Die Jl-18E hat leistungsstärkere Triebwerke und eine überarbeitete Auslegung der Innenausstattung, und die Jl-18D ist identisch bis auf die erhöhte Kraftstoffkapazität, höhere Fluggewichte sowie anderen Verbesserungen. Es wird angenommen, daß mehr als 700 Jl-18, hauptsächlich für die Aeroflot, gebaut worden sind.

Jljuschin Jl-62 und Jl-62M — UdSSR

Die ersten Einzelheiten des Jl-62 wurden im September 1962 in der sowjetischen Presse bekanntgegeben. Im Januar 1963 folgte dann der Erstflug des Prototyps. Im September 1963 soll die Flugerprobung von drei Jl-62 stattgefunden haben, die zeitweilig mit Lyulka AL-7 Triebwerken (7500 kp Standschub) ausgerüstet waren. Nachdem NK-8 Triebwerke zur Verfügung standen, wurden erhebliche Anstrengungen zur Weiterentwicklung der Flugeigenschaften unternommen, darunter Arbeiten zur Überwindung von Problemen beim Langsamflug im Zusammenhang mit der Tragflügelkonstruktion. Die Jl-62 trat 1967 bei der Aeroflot in den Liniendienst und ersetzte auf ausgesuchten Inlandstrecken die Tu-114 und Tu-104. Im September 1967 übernahmen Jl-62 in Ablösung der Tu-114 den Liniendienst nach Montreal. Dies war der erste mit Düsenmaschinen betriebene Transatlantikdienst der Aeroflot. Es folgte die Eröffnung der Fluglinie Moskau – New York im Juli 1968, und am 11. Mai 1968 erschien erstmals eine auf Leasing-Basis von der CSA geflogene Jl-62 auf dem Londoner Flughafen. Später setzte die Aeroflot die Jl-62 auch auf ihrer Londonroute ein. Die CSA erwarb sieben Jl-62, die ostdeutsche Interflug sechs, LOT drei, Cubana eine, Malev zwei, Tarom zwei, CAAC fünf und Egypt Air sieben. Dieses Flugzeug-Muster kann man auch mit den kombinierten Emblemen der Aeroflot/Japan Air Lines auf der zusammengelegten Fluglinie zwischen Moskau und Tokio sehen. Eine Version mit hochdichter Bestuhlung für 198 Fluggäste, die mit Solowjew D-30KU Triebwerken (11500 kp Standschub) versehen ist, erschien 1971 als die Jl-62M; sie trat 1974 in den Liniendienst der Aeroflot.

Jljuschin Jl-76 UdSSR

Der Prototyp der Jl-76 machte am 25. März 1971 seinen Erstflug und war eins der wichtigsten neuen auf der Luftfahrtausstellung 1971 in Le Bourget gezeigten Flugzeuge. Ihr nomineller Einsatzzweck ist der Transport von 40 t Fracht über eine Entfernung von 5000 km in einer Zeit unter 6 Stunden. Sie kann von verhältnismäßig kurzen unvorbereiteten Pisten aus starten und soll offiziellen Verlautbarungen zuerst in Sibirien, dem Norden der Sowjetunion und dem Fernen Osten eingesetzt werden, wo die Verwendung anderer Flugzeugmuster schwierig ist. Es liegt jedoch auf der Hand, daß die Jl-76 militärische Möglichkeiten hat. Der gesamte Innenraum ist druckbelüftet, und fortschrittliche Verladesysteme für den Container-Umschlag über eine hintere Rampentür sind in die Hauptkabine eingebaut. Unter dem Platz des Navigators im verglasten Rumpfbug befindet sich eine Radar-Anlage zur Bodenkartographie. Zur Verwendung bei der automatischen Flugsteuerung sowie bei automatischen Landeanflugsystemen ist die Maschine mit einem Computer ausgestattet. Das aus acht Rädern bestehende Fahrgestell ist in zwei torpedoförmige Verkleidungen an der Rumpfunterseite einziehbar; die Betätigungsmechanismen sind in zwei weiteren wulstförmigen Verkleidungen untergebracht. Im Laufe der Entwicklung wurde der hintere Rumpf zur Erweiterung der muschelförmigen Ladetüren modifiziert.

Daten der Jljuschin Il-18 (Seite 66)

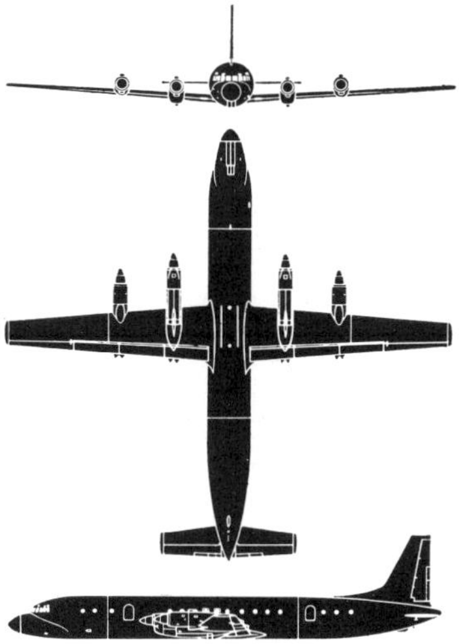

Mittelstreckenverkehrsflugzeug
im Einsatz
Daten für Jl-18D

Unterbringung: Besatzung 4–5, und bis zu 122 Passagiere
Antrieb durch: Vier lwtschenko AI-20M Propellerturbinen mit 4250 Wellen-PS
Spannweite: 37,40 m
Länge: 35,90 m
Fluggewicht: 64000 kg
größte Zuladung: 13500 kg
max. Reisegeschwindigkeit: 675 km/h in 9150 m Höhe
Reichweite: 3700 km mit max. Zuladung (1 Stunde Reserve) bei 625 km/h

Daten der Jljuschin Jl-62 und Jl-62M (Seite 67)

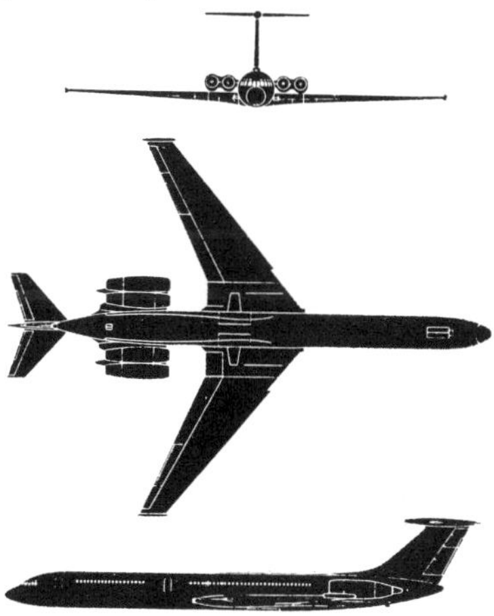

Langstrecken-Düsenverkehrsflugzeug
in Produktion und Einsatz

Unterbringung: Besatzung 5, und bis zu 186 Passagiere
Antrieb durch Vier Kusnezow NK-8-4 Turbofans mit 10500 kp Standschub
Spannweite: 43,20 m
Länge: 53,12 m
Fluggewicht: 162000 kg
größte Zuladung: 23000 kg
normale Reisegeschwindigkeit: 820–900 km/h
Reichweite: 6700 km mit max. Zuladung (1 Stunde Kraftstoffreserve)

Daten der Jljuschin Jl-76 (Seite 68)

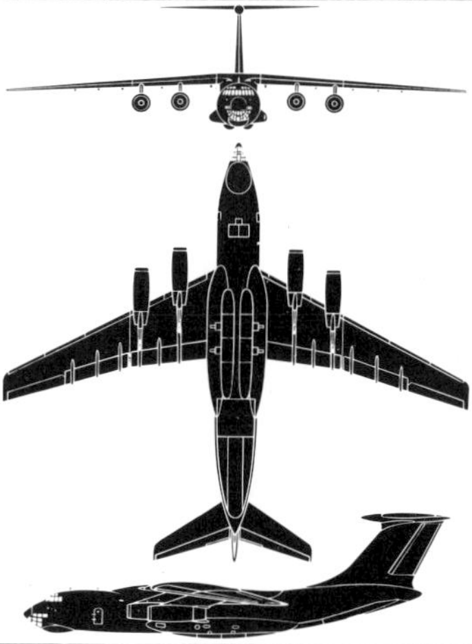

Mittel-/Langstrecken-Frachtflugzeug
in der Entwicklung

Unterbringung: Besatzung 3
Antrieb durch: Vier Solowjew D-30KP Turbofans mit 12000 kp Standschub
Spannweite: 50,50 m
Länge: 46,59 m
Fluggewicht: 157000 kg
größte Zuladung: 40000 kg
normale Reisegeschwindigkeit: 850 km/h in 13000 m Höhe
Reichweite: 5000 km mit max. Zuladung

Lockheed L-188 Electra **USA**

Die Entwicklung der Electra wurde begonnen, um den spezif. Anforderungen der US-Inlandsfluggesellschaften im Jahre 1956 zu entsprechen, und der Erstflug wurde am 6. Dezember 1957 durchgeführt. 14 Fluggesellschaften bestellten 165 Electra, die letzte dieser Maschinen wurde im Mai 1962 ausgeliefert. Als erste Fluggesellschaft stellten die Eastern Airlines die Electra am 12. Januar 1959 in Dienst, gefolgt von American Airlines am 23. Januar und anderen US Fluggesellschaften im Laufe des Jahres 1959. Die ersten Fluggesellschaften in Übersee, die die Electra flogen, waren Cathay Pacific, Ansett-ANA, TAA und Qantas, alle im Jahre 1959. Der erste Electra-Halter in Europa (und die einzige europäische Luftfahrtgesellschaft, welche die Electra bestellte) war die KLM, die das Muster von 1959 bis 1968 flog. Größere US Fluggesellschaften mit umfangreichen Flugzeugparks von Electra-Maschinen haben diese jetzt durch Düsenflugzeuge ersetzt, das Muster ist jedoch bei vielen kleineren Gesellschaften noch im Einsatz, hauptsächlich in Nord-, Zentral- und Süd-Amerika und Australien – Asien, und zwar im Passagier- und Frachtdienst. Eine beträchtliche Anzahl von noch im Flugdienst eingesetzten **Electra** wurde von Lockheed Aircraft Services für den Frachtbetrieb umgerüstet, sie besitzen eine große Ladetür im vorderen Rumpf.

Lockheed L-10 Hercules — USA

Anfang 1974 hatte Lockheed Georgia mehr als 45 Hercules Frachtflugzeuge für zivile Zwecke verkauft, und über 1300 Maschinen in Gestalt von Militärflugzeugen. Die erste zivile Hercules war ein Demonstrationsflugzeug auf der Grundlage der militärischen C-130E und erhielt die Bezeichnung Modell 382; diese Maschine wurde im Februar 1965 zugelassen und später auf L-100-20 Standard modifiziert und verkauft. Die ersten zivilen Varianten waren das Modell 382B und die L-100, welche der C-130E entsprach, sich jedoch durch die Be- und Entladeausrüstung und die Allison 501-D22 Triebwerke mit 4050 Wellen-PS unterschied. Das Modell 382E besaß eine Rumpfstreckung von 2,54 m und erhielt jetzt die Bezeichnung L-200-20, mit leistungsstärkeren D22A Triebwerken. Der Erstflug fand am 19. April 1968 statt. Die neueste Entwicklung ist das Modell 382G oder L-100-30 (technische Daten siehe oben), mit einer weiteren Rumpfstreckung von 2,03 m. Diese Variante wurde hauptsächlich für die Saturn Airways entwickelt, welche drei Maschinen für den regelmäßigen Flugdienst zwischen Großbritannien und Kalifornien zum Transport der RB.211 Triebwerke für die Tri-Star bestellte. Die erste L-100-30 flog am 14. August 1970 zum ersten Male. Fluggesellschaften, welche die früheren Varianten verwendeten, waren die Airsea Airlines, Alaska International Air, Delta Air Lines, Pacific Western Airlines, Red Dodge Aviation, Satco und Southern Air Transport.

Daten der Lockhead L-188 Electra

Mittelstreckenverkehrsflugzeug
im Einsatz
Die Daten beziehen sich auf die
L-188C

Unterbringung: Besatzung 3–4, und
und 66–99 Passagiere
Antrieb durch: Vier Allison 501-D13
Propellerturbinen mit 3750 Wellen-PS
Spannweite: 30,17 m
Länge: 31,90 m
Fluggewicht: 52615 kg
größte Zuladung: 11975 kg
max. Reisegeschwindigkeit: 650 km/h
in 6700 m Höhe
typische Reichweite: 4020 km mit
9980 kg Zuladung bei 610 km/h

Daten der Lockhead L-10 Hercules

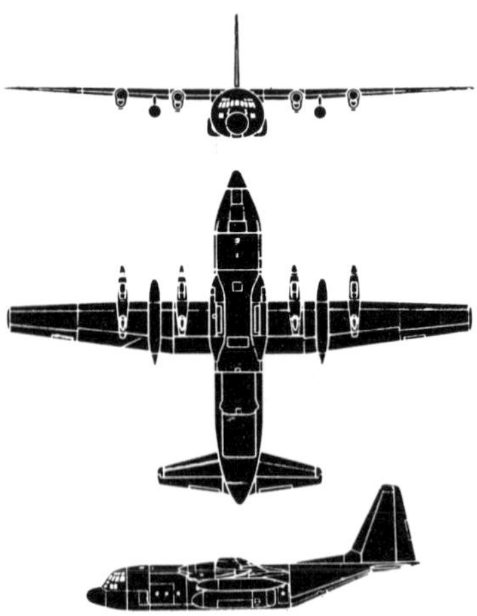

Ziviles Frachtflugzeug
in Produktion und Einsatz
Photo: L-100
Daten: L100-30
Silhouette: Muster 382 B

Unterbringung: Besatzung 3, plus
Fracht
Antrieb durch: Vier Allison 501-D22A
Propellerturbinen mit 4508 Wellen-PS
Spannweite: 40,41 m
Länge: 34,35 m
Fluggewicht: 70308 kg
größte Zuladung: 23836 kg
max. Reisegeschwindigkeit: 605 km/h
in 6100 m Höhe
Reichweite: 3425 km mit max. Zuladung
(Kraftstoffreserve für 45 Minuten)

Lockheed L-1011 TriStar **USA**

Die Firma Lockheed kam im Juni 1968 wieder zum Verkehrsflugzeugbau, als sie sich dazu entschloß, die Produktion des Modells 385 »TriStar« voranzubringen – ihres ersten Verkehrsflugzeugs seit der Turboprop Eelctra.
Nach ersten Projektstudien eines Entwurfs mit 2 Triebwerken, der die Umrißspezifikation von American Airlines des Jahres 1965 erfüllen sollte, wählte Lockheed eine Auslegung mit 3 Triebwerken, bestehend aus 2 Triebwerksgondeln an der Flügelunterseite und einem dritten Triebwerk im hinteren Rumpf. Eine weitgehend entsprechende Auslegung wurde unabhängig davon für die konkurrierende DC-10 (s. Seite 46) gewählt. Erste Aufträge für die TriStar kamen von Eastern Airlines und Delta Air Lines. Der Erstflug der TriStar fand am 16. November 1970 in Palmdale statt, und die zweite Maschine flog im Februar 1971. Die folgende Entwicklung der TriStar wurde durch die Krise von Rolls-Royce im Februar 1971 verlangsamt; aber Anfang September 1971 wurden zwischen allen interessierten Parteien neu ausgehandelte Verträge unterzeichnet und im April 1972 setzten die Auslieferungen an die Fluggesellschaften ein.
Der erste mit der TriStar geflogene Passagier-Liniendienst wurde von der Eastern am 15. April aufgenommen, und elf Tage später begannen die regelmäßigen Flüge. Anfang 1974 betrug die Zahl der festen Bestellungen 129, dazu kamen 70 Optionen. Zu dieser Zeit waren etwa 40 TriStar bereits im Flugdienst. Aufträge wurden von Air Canada (10), All Nippon (14), British Airways (9),

Großraumflugzeug für Mittel- und Langstrecken in Produktion und Einsatz
Daten für: L-1011-1

Unterbringung: Bis zu 400 Passagiere
Antrieb durch: Drei Rolls-Royce RB.211-22B Turbofans mit 19050 kp Standschub
Spannweite: 47,34 m
Länge: 54,35 m
Fluggewicht: 195050 kg
größte Zuladung: 39092 kg
Reisegeschwindigkeit: 900 km/h in 10670 m Höhe
Reichweite: 4300 km mit max. Zuladung

Court Line (2), Delta (18), Eastern (39), LTU (1), Pacific Southwest (3) und TWA (33) erteilt. Im März 1974 wurde eine neue Langstreckenversion, die L-1011-100, von den Saudi Arabian Airlines (4) und Cathay Pacific (2) bestellt. Diese Version hat ein Fluggewicht von 204117 kg und kann 259 Passagiere über eine Strecke von 6435 km befördern. Spätere Versionen werden leistungsstärkere RB.211 Triebwerke haben, die eine Leistung von je 21772 kp Standschub abgeben und die Bezeichnung L-1011-200 erhalten.

Mc Donnell Douglas DC-8 Serie 10 bis 50 USA

Die US Inlandsversionen der DC-8 erhielten die Bezeichnung Series 10 mit P&W JT3C-6 Triebwerken von 6124 kp Standschub und Series 20 mit P&W JT4A-3 Triebwerken von 7167 kp Standschub sowie Fluggewichten von 123830 kg bzw. 125190 kg. Viele Series 10 Muster wurden zu Series 50 umgebaut. Derzeitige Halter der Series 20 sind Air Spain (6), National (1), ONA (5) und United (30).
Interkontinental-Baumuster haben eine erhöhte Kraftstoffkapazität und Fluggewichte bis zu 147415 kg. Sie umfassen die Series 30 mit JT4A-9 Triebwerken von 7620 kp Standschub oder JT4A-11 (7945 kp Standschub) und die Series 40 mit Rolls-Royce Conway 509 (7945 kp Standschub). Die Series 50 hat JT3D-1 (7718 kp) oder JT3D-3 (8172 kp Standschub) oder -3B Turbofans und wurde sowohl als Umbau früherer Muster als auch neu angeboten. 1961 gab Douglas den Bau der DC-8F Jet Trader, einer Variante der Series 50 bekannt, die eine große Frachttür in der Rumpfseite besaß und für gemischten Passagier- und Frachtbetrieb (Paletten) geeignet ist.
Zu den Haltern der Series 30 gehören die African Safari, Air Afrique, Air Zaire, Capitol, Delta, JAL, National, PAL, Pomair, Spearair, Thai, United, UTA, Varig und Viasa. Die Series 40 wird von der Air Canada, Alitalie, CP Air und Zambia Airways geflogen. Einige der oben genannten Fluggesellschaften kauften DC-8 Series 50 Maschinen zu ihrem Flugzeugpark; andere Benutzer des Turbofan Musters sind Aeromexico, Air Ceylon, Air Jamaica,

Langstreckenverkehrsflugzeug im Einsatz
Photo, Daten und Silhouette: **DC-8** Baureihe 50.

Unterbringung: Besatzung 3–5, und 116–179 Passagiere
Antrieb durch: Vier Pratt & Whitney JT3D-3B Turbofans mit 8172 kp Standschub
Spannweite: 43,41 m
Länge: 45,87 m
Fluggewicht: 147415 kg
größte Zuladung: 15585 kg
max. Reisegeschwindigkeit: 935 km/h in 9150 m Höhe
Reichweite: 9205 km mit max. Zuladung

Air New Zealand, Aviaco, Braniff, Garuda, Iberia, Kar-Air, Scanair und Swissair. **Jet Trader** werden von vielen Gesellschaften geflogen, welche DC-8 Passagier-Versionen verwenden sowie von Affretair, Balair, KLM, Martinair, Saturn und Seaboard. Die Produktion aller Baumuster bis und einschließlich der Series 50 lief im November 1968 bei 294 gebauten Flugzeugen aus.

Mc Donell Douglas DC-8 Super Sixty Series USA

Zehn Jahre lang nach Aufnahme der Arbeit am DC-8 Programm behielt Douglas dieselben Gesamtabmessungen für alle Varianten dieser Konstruktion bei. Im Jahre 1965 entstanden jedoch 3 neue Versionen, die zwei verschiedene Rumpflängen sowie andere Änderungen anboten, um den spezifischen Anforderungen der Fluggesellschaften zu entsprechen. Die drei neuen Modelle erhielten die Sammelbezeichnung Super Sixty Series. Alle haben Turbofan-Triebwerke – entweder JT3D-3B (8172 kp Standschub) oder JT3D-7 (8618 kp Standschub) – und umfassen: die Super 61, die der Series 50 entspricht, einen um 11,18 m verlängerten Rumpf aufweist und bis zu 259 Passagiere aufnehmen kann; die Super 62 mit einem nur um 2,03 m verlängerten Rumpf, jedoch mit anderen Modifikationen für größte Reichweite, darunter verlängerte Tragflügel, größere Kraftstoffkapazität sowie verringertem Luftwiderstand an Triebwerksverkleidung und Aufhängung; und die Super 63, welche den langen Rumpf der Super 61 mit den aerodynamischen Verfeinerungen der Super 62 kombiniert. Alle drei Modelle werden in Passagier- oder Jet Trader Konfiguration gebaut. Die erste Super 61 flog am 14. März 1966, die erste Super 62 am 29. August 1966 und die erste Super 63 am 10. April 1967.
Insgesamt wurden 262 Super Sixty Series DC-8 gebaut und Anfang 1974 von den folgenden Luftahrtgesellschaften geflogen: Super 61 und 61F Air Canada, Air Jamaica, Cargolux, Delta, Eastern, JAL, National, ONA, Saturn, Spantax, Trans Internatio-

Verkehrsflugzeug für lange und sehr lange Flugstrecken
im Einsatz
Photo und Daten: DC-8 Super 63
Silhouette: DC-8 Super 62

Unterbringung: Besatzung 3–5, und bis zu 259 Passagiere
Antrieb durch: Vier Pratt & Whitney JT3D-7 Turbofans mit 8618 kp Standschub
Spannweite: 45,23 m
Länge: 57,12 m
Fluggewicht: 158760 kg
größte Zuladung: 30719 kg
max. Reisegeschwindigkeit: 965 km/h in 9150 m Höhe
Reichweite: 7240 km mit max. Zuladung (normale Reserven)

nal und United; Super 62 und 62F Air Jamaica, Alitalia, Braniff, Finnair, JAL, SAS, Swissair, Thai Airways und United; Super 63 und 63F Aerolift International, Air Zaire, Balair, Capitol, CP Air, Eastern, Flying Tiger, Iberia, International Air Bahama, KLM, Korean, Airlines, Loftleidir, ONA, PAL, SAS, Seaboard, Trans International, UTA, Viasa und World Airways.

Daten der Mc Donell Douglas DC-9 Srs 10 (Seite 79)

Kurz/Mittelstrecken-Düsenverkehrsflugzeug in Produktion und Einsatz

Unterbringung: Besatzung 2, und bis zu 90 Passagiere
Antrieb durch: Zwei Pratt & Whitney JT8D-5 (Muster 11) oder JT8D-1 (Muster 15) Turbofans mit 5556 kp bzw. 6350 kp Standschub
Spannweite: 27,25 m
Länge: 31,82 m
Fluggewicht: 35245 kg für Muster 11, 41140 kg für Muster 15
größte Zuladung: 8188 kg für Muster 11, 9698 kg für Muster 15
max. Reisegeschwindigkeit: 905 km/h in 7620 m Höhe
max. Reichweite: (Muster 11) 2110 km mit 50 Passagieren und Reserven

Mc Donnell Douglas DC-9 Srs 10 USA

Die Entwurfsstudien für die DC-9 wurden von Douglas schon bald nach Fertigstellung der DC-8 begonnen. Nachdem verschiedene Konfigurationen in Betracht gezogen waren, wurde die inzwischen gewohnte Verkehrsmaschine für kurze/mittlere Reichweiten mit den am hinteren Rumpf angeordneten Triebwerken im April 1963 vorgestellt. Der Erstflug des Prototyps fand am 25. Februar 1965 statt, gefolgt von vier weiteren DC-9 in Form der ersten Series 10 in der Mitte des Jahres. Das Verfahren zur Erlangung der Lufttüchtigkeit wurde in Rekordzeit absolviert, um den Delta Air Lines den ersten zivilen Flugdienst nur neun Monate nach dem ersten Flug der DC-9 am 29. November 1965 zu ermöglichen. Der Grundversion, bekannt unter Series 10, Model 11, folgte die Model 15 mit leistungsstärkeren Triebwerken und erhöhter Kraftstoffkapazität. Die Gesamtzahl der Bestellungen für beide Baumuster erreichte schließlich 137 Stück, darunter die mit einer breiten Ladetür anstelle der normalen Passagiertür an der linken vorderen Rumpfseite ausgerüstete DC-9F. Dieselbe Tür wurde in die DC-9CF eingebaut, einer umrüstbaren Version des Flugzeugs für Passagier/Frachtbetrieb. Halter der Series 10 im Jahre 1974 waren die Aeromexico, Air Canada, ALM, Avensa, Continental, Eastern, Finnair, Hughes Airwest, Itavia, KLM, LAV, Ozark, Southern, Texas International, TWA und Viasa.

Mc Donnell Douglas DC-9 Srs 20, 30, 40 und 50 USA

Als einen ersten Schritt zu einer vollständigen Familie von Kurzstreckenverkehrsflugzeugen auf dem Grundtyp der DC-9 Srs 10 entwickelte Douglas die Srs 30 (mit den obigen Daten), die eine vergrößerte Spannweite, leistungsstärkere Triebwerke, einen längeren Rumpf und neue Hochauftriebshilfen mit über die gesamte Tragfläche gehenden Schlitzflügeln und Doppelschlitzklappen besaß. Der erste Flug einer Series 30 fand am 1. August 1966 statt, und die Eastern Air Lines nahmen mit dieser Version am 1. Februar 1967 den Liniendienst auf. Als nächstes kam die am 28. November 1967 erstmals geflogene Series 40 mit JT8D-9 (6575 kp Standschub) bzw. JT8D-15 Triebwerken (7031 kp Standschub), vergrößerter Kraftstoffkapazität und einer auf 38,28 m vergrößerten Länge. Diese Maschine bot Platz für 125 Passagiere und hatte ein Fluggewicht von 51710 kg. Die am 18. September 1968 zuerst geflogene Series 20 verbindet die große Spannweite der Series 30 mit dem kurzen Rumpf der Series 10 und ist für den Einsatz auf heißen und hochgelegenen Flugplätzen vorgesehen. Diese Maschine hat JT8D-9 Triebwerke. Die Series 50 ist verglichen mit der Series 30 um weitere 3,84 m verlängert, um 139 Passagieren Platz zu bieten, hat JT8D-15 (7257 kp Standschub) oder JT8D-17 Triebwerke und ein Fluggewicht von 54432 kg. Die Series 20 wird nur von der SAS geflogen. Die Series 30/30F werden bei der Aeromexico, Air Canada, Air Jamaica, Alitalia, Allegheny, ALM, Ansett, ATI, Austrian, Avensa, Aviaco, Balair, Delta, East African, Eastern, Garuda, Hawaiian, Hughes Airwest, Iberia, Inex Adria,

Kurz/Mittelstrecken-Düsenverkehrsflugzeug in Produktion und Einsatz
Photo und Daten: Baureihe 30
Silhouette: Baureihe 50

Unterbringung: Besatzung 2, und bis zu 115 Passagiere
Antrieb durch: Zwei Pratt & Whitney JT8D-7 Turbofans mit 6350 kp Standschub
Spannweite: 28,47 m
Länge: 36,37 m
Fluggewicht: 44450 kg
größte Zuladung: 11864 kg
max. Reisegeschwindigkeit: 910 km/h in 7260 m Höhe
max. Reichweite: 2775 km mit Reserven

JAT, KLM, Korean, Martinair, North Central, ONA, Ozark, Pan Adria, SAS, Southern, Swissair, Texas International, TAA, THY und Toa Domestic eingesetzt. Halter der Series 40 sind die SAS und Toa Domestic. Die Muster Series 50 wurden von der Allegheny, Austrian, Hawaiian, Spantax und Swissair bestellt. Die ersten Auslieferungen waren für 1975 vorgesehen. Bestellungen und Optionen für ale Versionen der DC-9 kamen im Juni 1974 auf über 800, wovon 730 Maschinen bereits ausgeliefert worden sind.

Mc Donnell Douglas DC-10 USA

Die Konstruktion der DC-10 kristallisierte sich 1966 heraus, nachdem die American Airlines Rahmenanforderungen für ein Großraumflugzeug herausgegeben hatten, das in der Lage war, von kleineren Flughäfen des inner-amerikanischen Flugnetzes aus über kurze und mittlere Reichweiten zu fliegen. Nach ersten Projektstudien eines Flugzeugs mit zwei Triebwerken entschied sich die Firma für eine Auslegung mit drei Triebwerken, und Bestellungen von American Airlines und United Air Lines signalisierten Anfang 1968 grünes Licht für das Projekt. Die erste Variante war die Series 10, die hauptsächlich für den US Inlanddienst gedacht war. Diese Maschine hatte ein Fluggewicht von 199580 kg und wurde von CF6-6D1 Triebwerken (18597 kp Standschub) angetrieben. Die erste Series 10 machte am 29. August 1970 ihren Erstflug, und der erste Linienflug fand im August 1971 statt.
Diese Version ist von American (25), Continental (16), Delta (5), National (14), Laker (2), THY (3), United (32) und Western (6) bestellt worden. Für Flüge über sehr große Strecken hat die Series 30 (technische Daten siehe oben) leistungsstärkere CF 6 Triebwerke, eine um 3,05 m vergrößerte Spannweite und ein zusätzliches zentrales Federbein für das Hauptfahrgestell. Aufträge sind von der Aeromexico (2), Air Afrique (3), Air New Zealand (6), Air Zaire (2), Alitalia (9), Finnair (2), Garuda (1), Iberia (5), KLM (7), Korean Airlines (5), ONA (2), PAL (2), PIA (3), Sabena (2), SAS (5), Swissair (8), TIA (3), UTA (6), Varig (2) und Viasa (2) erteilt worden. Die Series 40 entspricht der 30, hat jedoch

Großraumverkehrsflugzeug für mittlere
und große Flugstrecken
in Produktion und Einsatz
Photo und Daten: Baureihe 30
Silhouette: Baureihe 10

Unterbringung: Besatzung 5, und bis zu
345 Passagiere
Antrieb durch: Drei General Electric
CF6-50A oder CF6-50 C Turbofans mit
22226 kp bzw. 23133 kp Standschub
Spannweite: 50,39 m
Länge: 55,35 m
Fluggewicht: 251744 kg
größte Zuladung: 47400 kg
max. Reisegeschwindigkeit: 955 km/h
in 9450 m Höhe
Reichweite: 7135 km mit max. Zuladung
(und Reserven)

Pratt & Whitney JT9D-20 (22000 kp Standschub) oder JT9D-59A Triebwerke (24040 kp Standschub). Käufer sind die JAL (6) und Northwest (22). Die Maschinen der Martinair, ONA, Sabena, TIA und acht Flugzeuge der Continental sind für Passagier/Frachtbetrieb umrüstbare Muster des Typs Series 30 CF.

NAMC YS-11 **Japan**

Das erste japanische Verkehrsflugzeug der Nachkriegszeit eigener Konstruktion wurde von einem Konsortium einheimischer Herstellerfirmen hauptsächlich für die Belange der japanischen Fluggesellschaften und Streitkräfte entwickelt. Der erste von zwei Prototypen flog am 30. August 1962, und die erste Serienmaschine im Herbst 1964. Die Toa Airways (jetzt mit JDA zu Toa Domestic fusioniert) machte am 1. April 1965 mit der YS-11 den ersten Linienflug, und im Laufe desselben Jahres begann auch All Nippon damit, dieses Muster im Flugdienst einzusetzen. 1966 stellte NAMC eine neue Baureihe von YS-11 mit höheren Fluggewichten, die eine Erhöhung der Zuladung bis zu 1347 kg für eine gegebene Reichweite erlaubte, der Öffentlichkeit vor. Diese neuen Versionen sind das Passagierflugzeugmuster YS-11A-200, das Muster YS-11A-300 für gemischten Passagier/Frachtbetrieb und das Frachtflugzeugmuster YS-11A-400; die Muster 300 und 400 haben breitere Türen für die Frachtzuladung. Im Laufe des Jahres 1970 erhielt man die Zulassung für die Muster YS-11A-500 und -600, die jeweils den -200 und -300 entsprachen, jedoch mit einem um 500 kg erhöhten Fluggewicht. Als die Produktion im Jahre 1972 auslief, waren insgesamt 182 YS-11 gebaut worden. Zu den derzeitigen Haltern gehören Air Ivoire, All Nippon, Austral, Bouraq International, Cruzeiro, Filipinas Orient, Korean, Merpati Nusantara, Olympic, Piedmont, Pacific Southwest, Reeve Aleutian, Soutwest, Toa Domestic, Transair und VASP.

Shorts SD3-30 **Großbritannien**

Die SD3-30 wurde von der **Skyvan** abgeleitet, und sie besitzt dieselben Außenflügel, dasselbe Leitwerk und den großen Kabinenquerschnitt. Durch Verlängerung der Kabine um 3,78 m baute Shorts einen idealen Ersatz für die derzeitige Generation von 18/20-sitzigen Nahverkehrsflugzeugen auf Fluglinien, wo sich der Verkehr schnell vergrößert. Die Passagiere betreten die Kabine durch eine hintere Tür an der linken Rumpfseite. Bei den Frachtflugzeugversionen wird diese Tür noch durch eine weitere Öffnung ergänzt, die für genormte Container der Größe D ausreichend ist. Sieben Container dieser Größe können in der Kabine untergebracht werden, wobei noch genügend Platz für weitere Fracht bleibt. Der Kabinenboden ist nur 0,91 m über dem Grund, was eine bequeme Beladung ermöglicht, und das Flugzeug kann, falls gewünscht, mit einer breiten Skyvan-Laderampe versehen werden. Zunächst wurden zwei Prototypen und drei Vorserienmuster SD3-30 gebaut; die erste dieser Maschinen flog am 22. August 1974. Auslieferungen an die Besteller sollen noch vor Ende 1975 einsetzen, und das Flugzeug wird allen geplanten Lärmbestimmungen genügen. Erste Bestellungen wurden von Time Air (2) und Command Airways (3) entgegengenommen.

Tupolew Tu-124 (und Tu-104) **UdSSR**

Das Konstruktionsbüro von Andreij Tupolew entwickelte die Tu-124 aus der ursprünglichen Tu-104 Konstruktion für den Dienst auf den wichtigeren Kurzflugstrecken in Rußland. Zuerst als 44-sitziger Prototyp im Juni 1960 geflogen, wurde die Konstruktion zum 56-sitzigen Serienmodell Tu-124V weiterentwickelt, das im Oktober 1962 in den Flugdienst trat, und von 1965 bis 1966 eines der Standard-Kurzstreckenflugzeuge der Aeroflot wurde. Drei Maschinen wurden 1964 an die CSA ausgeliefert, zwei an die Interflug von Ostdeutschland, letztere waren die einzigen exportierten Exemplare für den Liniendienst. Zwei andere Versionen der Tu-124 sollen bei der Aeroflot in Dienst sein mit einem höheren Ausstattungsniveau der Passagierräume und einer geringeren Zahl von Sitzen. Dies sind die Tu-124K mit einer 24-sitzigen Hauptkabine und zwei weiteren Abteilen für je vier und acht Passagiere und die Tu-124K mit Einzelkabinen für vier und zwei Personen und einem 16-sitzigen hinteren Passagierraum.
Aeroflot und Interflug setzen Tu-124 weiter ein. Die Aeroflot verwendet beträchtliche Stückzahlen veralteter Tu-104 im Inlanddienst, die meist auf Tu-104B Standard mit 100 Sitzen, Mikulin AM-3M-500 Turbojet Triebwerken von 9700 kp Standschub und einer Reichweite von 2100 km und einer Geschwindigkeit von 800 km/h mit größter Zuladung umgerüstet sind.

Daten der NAMC YS-11 (Seite 84)

Kurz-/Mittelstreckenverkehrsflugzeug
im Einsatz
Photo und Daten: YS-11A-200
Silhouette: YS-11

Unterbringung: 2, und 52–60 Passagiere
Antrieb durch: Zwei Rolls-Royce Dart 542-10K Propellerturbinen mit 3060 Wellen-PS
Spannweite: 32,00 m / Länge: 26,30 m
Fluggewicht: 24500 kg
größte Zuladung: 6581 kg
max. Reisegeschwindigkeit: 470 km/h in 4575 m Höhe
Reichweite: 1090 – 3215 km bei 450 km/h in 6100 m Höhe

Daten der Shorts SD3-30 (Seite 85)

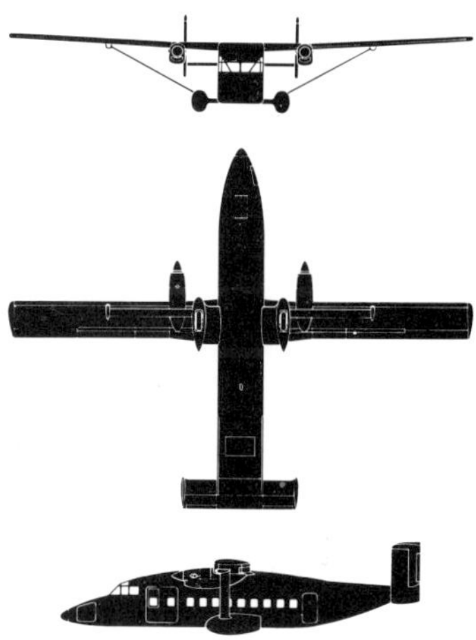

Passagier- und Frachtflugzeug für den Nahverkehr und den lokalen Flugeinsatz, in der Entwicklung.

Unterbringung: Besatzung 2, und 30 Passagiere, 3400 kg Fracht oder gemischte Passagier-/Frachtzuladungen
Antrieb durch: Zwei United Aircraft of Canada PT6A-45 Propellerturbinen mit 1120 Wellen-PS
Spannweite: 22,78 m / Länge: 17,69 m
Fluggewicht: 9840 kg / größte Zuladung: 2695 kg in Passagier-Konfiguration
max. Reisegeschwindigkeit: 365 km/h in 3050 m Höhe
Reichweite: 700 km bei 365 km/h mit 30 Passagieren und Gepäck

Daten der Tupoley Tu-124 und Tu-104 (Seite 86)

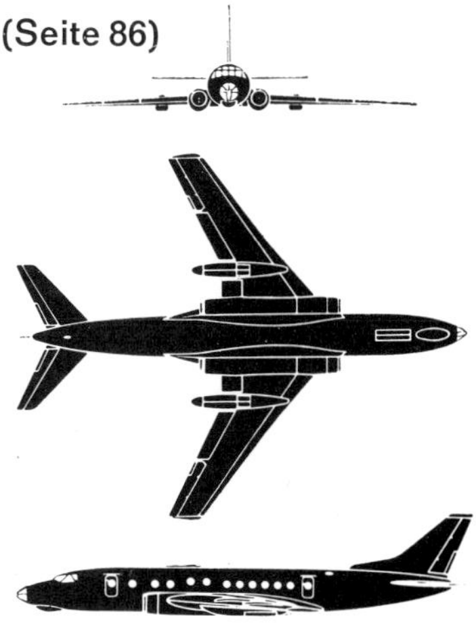

Mittelstreckenverkehrsflugzeug
im Einsatz
Photo, Daten und Silhouette: Tu-124V

Unterbringung: Besatzung 4, und 56 Passagiere
Antrieb durch: Zwei Solowjew D-20P Turbofans mit 5400 kp Standschub
Spannweite: 25,55 m
Länge: 30,58 m
Fluggewicht: 38000 kg
normale Zuladung: 6000 kg
max. Reisegeschwindigkeit: 870 km/h
Reichweite: 1220 km mit max. Zuladung bei 800 km/h in 10000 m Höhe mit Reserven.

Tupolew Tu-134 UdSSR

Von der Flugleistung her gehört die Tu-134 in dieselbe Kategorie wie die BAC One-Eleven und die Douglas DC-9. Sie ist eine Weiterentwicklung der Tu-124 und erhielt zunächst die Bezeichnung Tu-124A. Der Hauptunterschied ist die Verlegung der Triebwerke an die Rumpfhinterseite und ein »T«-förmiges Leitwerk; es wurden auch viele andere Detail-Änderungen und Verbesserungen vorgenommen. Es wird angenommen, daß der Erstflug der Tu-134 Anfang 1964 stattfand, und die Aeroflot stellte 1967 auf den innerrussischen und internationalen Fluglinien in Europa die 72-sitzige Serienmaschine in Dienst. Im Laufe des Jahres 1969 wurde eine weiterentwickelte Version mit der Bezeichnung Tu-134A der Öffentlichkeit vorgeführt. Dieses Flugzeug hatte einen um 2,10 m verlängerten Rumpf, 76–80 Sitze, vergrößerten Gepäckraum, Schubumkehrvorrichtungen und eine verbesserte elektronische Ausrüstung. 1974 wurden Exportaufträge für die Tu-134 von Interflug (11), Balkan Bulgarian Airlines (6), LOT (8), Malev (6), Aviogenex (3) und Iraqi Airways (1) erteilt. Das dritte für Aviogenex bestimmte Flugzeug hatte anstelle des typisch russischen verglasten Rumpfbugs einen konventionellen konischen Rumpfbug mit darunterliegender Radarausbeulung, was wahlweise bei allen außer den ersten Tu-134 und Tu-134A lieferbar war. Aufträge für die letztere Maschine wurden von CSA (9), Malev (2), Balkan Bulgarian (3), Egypt Air (4) und Aviogenex (4) erteilt, wobei einige dieser Flugzeuge die vorher geflogenen Tu-134 ersetzten.

Tupolew Tu-144 UdSSR

In der allgemeinen Konzeption, den Hauptabmessungen und der Flugleistung entspricht die Tu-144 der **Concorde**, obwohl sich die Russen anstelle der Turbojet-Triebwerke für Turbofans mit Nachbrennern in der Überschall-Flugphase entschieden, und die Tu-144 für eine höhere Reisegeschwindigkeit auslegten. Zum Entwicklungsprogramm der Tu-144 gehörten Flugversuche mit einem maßstäblichen Modell des spitzbogenförmigen Tragflügels mit einer modifizierten MiG-21. Der Erstflug der Tu-144 erfolgte am 31. Dezember 1968. Damit flog diese Maschine als erstes Überschallpassagierflugzeug der Welt. Der erste Überschallflug fand am 5. Juni 1969 statt, und Mach 2 wurde erstmals im Mai 1970 erreicht. Dieser Maschine folgte ein zweiter Prototyp, darauf wurde die Konstruktion einer durchgreifenden Überarbeitung unterzogen. Die Spannweite der Tragflügel wurde um etwa 1,15 m vergrößert, und die Tragflügel über die gesamte Fläche gewölbt, wodurch sie eine gekrümmte Hinterkante erhielten. Der Rumpf wurde um etwa 5,70 m verlängert, und die Triebwerke nach außen in paarweise angeordnete Einlaßkanäle verlegt. Das Fahrgestell wurde überarbeitet und schnurrbartartige einziehbare Vorflügel zur Verbesserung der Start- und Landeeigenschaften eingebaut. Die zweite Serienausführung der Tu-144 dieser Konfiguration ging bei der Teilnahme an der Pariser Luftfahrtschau im Jahre 1973 verloren, und es ist unwahrscheinlich, daß die Tu-144 vor 1976 bei der Aeroflot in den Flugdienst genommen wird, obschon 1974 vier Exemplare zur Streckenerprobung eingesetzt worden sind.

Tupolew Tu-154 **UdSSR**

Die Tu-154 ist ein Flugzeug der zweiten Generation, das von demselben Konstruktionsbüro als Nachfolgemuster der Tu-104 entworfen wurde und schließlich auch die Jl-18 und An-10, wo das wachsende Verkehrsaufkommen ein größeres Flugzeug erforderte, ersetzen sollte. Während sie einige Merkmale der Düsenverkehrsflugzeuge aus der Tupolew-Familie beibehielt, brach die Tu-154 aber in einigen Punkten mit der Tupolew-Tradition, was die Rumpfkonstruktion angeht, wie z. B. beim Rumpfbug, der nicht mehr den Navigatorplatz enthält. Und die kleinen dicht nebeneinander angeordneten Fenster ersetzen die früheren großzügig dimensionierten Sichtöffnungen an jeder Sitzreihe. Die Anordnung der drei Triebwerke am hinteren Rumpf entspricht westlicher Praxis, und die Tu-154 befindet sich in demselben allgemeinen Größen- und Leistungsbereich wie die HS Trident Three und die Boeing 727-200. Der Prototyp machte am 4. Oktober 1968 seinen Erstflug, und ein Vorserienmuster war 1970 in der Erprobung. Erprobungsflüge bei der Aeroflot mit Fracht- und Postzuladungen begannen im August 1971, und regelmäßige Linienflüge im Februar 1972. Es wird angenommen, daß die Aeroflot Anfang 1974 etwa 100 Tu-154 in Dienst gestellt hat. Andere Bestellungen wurden von der Aviogenex (2), Balkan Bulgarian (5), CSA (7), Malev (3) und Egypt Air (8) gemacht.
Eine Version mit der Bezeichnung Tu-154A mit drei Solowjew D-30KU Triebwerken von 11500 kp Standschub soll in der Entwicklung sein. Ohne Änderung der Hauptabmessungen soll diese Maschine für den Transport von bis zu 175 Passagieren konstruiert sein und bei voller Zuladung eine Reichweite von über 4800 km haben.

Daten der Tupolew Tu-134 (Seite 88)

Kurz-/Mittelstrecken-Düsenverkehrsflugzeug, in Produktion und Einsatz
Photo und Daten: Tu-134A

Unterbringung: Besatzung 3, und bis zu 80 Passagiere
Antrieb durch: Zwei Solowjew D-30-2 Turbofans mit 6800 kp Standschub
Spannweite: 29,00 m
Länge: 37,10 m
Fluggewicht: 47000 kg
größte Zuladung: 8200 kg
Reisegeschwindigkeit: 750–900 km/h
typische Reichweite: 2000 km mit 8215 kg Zuladung bei 750 km/h in 10000 m Höhe mit Reserven

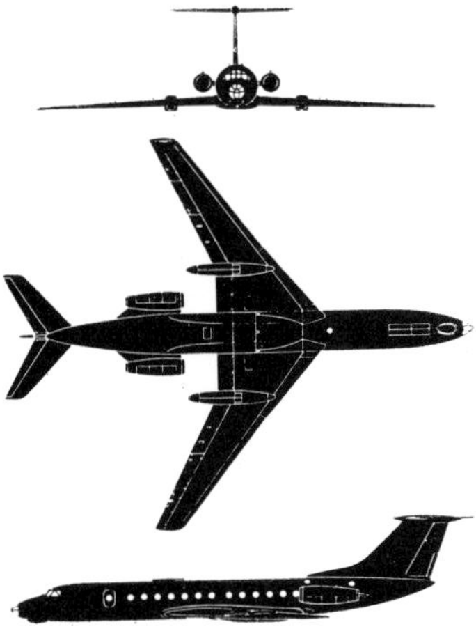

Daten der Tupolew Tu-144 (Seite 89)

Mittel-/Langstrecken-Überschallverkehrsflugzeug, in der Entwicklung

Unterbringung: Besatzung 3–4, und bis zu 140 Passagiere
Antrieb durch: Vier Kusnezow NK-144 Turbofans mit 20000 kp Standschub (mit Nachverbrennung)
Spannweite: 28,80 m
Länge: 65,70 m
Fluggewicht: 180000 kg
max. Reisegeschwindigkeit: Mach 2.35
2500 km/h in 16–18000 m Höhe
max. Reichweite: 6500 km mit 140 Passagieren bei Mach 1.9 und 2000 km/h

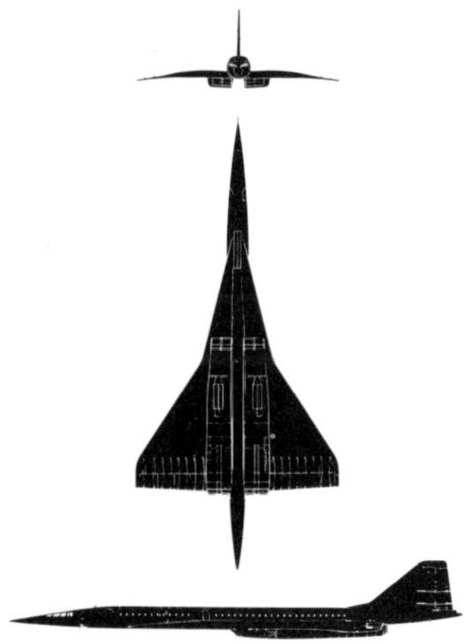

Daten der Tupolew Tu-154 (Seite 90)

Mittel-/Langstrecken-Düsenverkehrsflugzeug, in Produktion und Einsatz

Unterbringung: Besatzung 3–4, und bis zu 167 Passagiere
Antrieb durch: Drei Kusnezow NK-8-2 Turbofans mit 9500 kp Standschub
Spannweite: 37,55 m
Länge: 47,90 m
Fluggewicht: 90000 kg
größte Zuladung: 20000 kg
Reisegeschwindigkeit: 850–975 km/h in 11000 m Höhe
Reichweite: 3800 km mit max. Zuladung bei 850 km/h mit Reserven

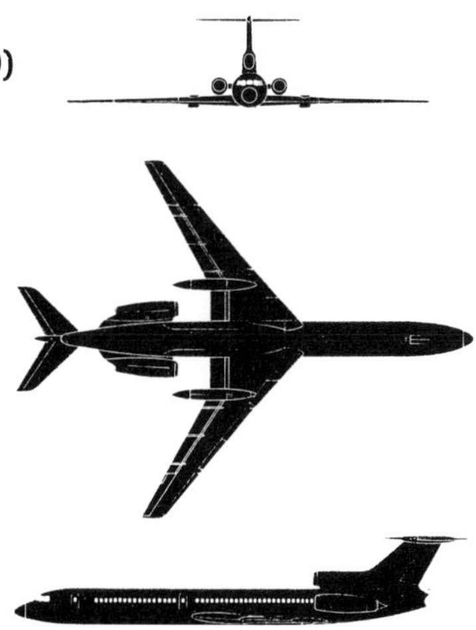

VFW-Fokker 614 Deutschland

Die VFW 614 ist durch ihre neuartige Triebwerksanordnung über den Tragflügeln gekennzeichnet und war einige Jahre lang in der Entwicklung; der Baubeginn setzte im August 1968 nach Unterstützung durch die deutsche Bundesregierung ein. Das Risiko wurde unter folgenden Partnerfirmen verteilt: Fokker-VFW in den Niederlanden, SABCA und Fairey in Belgien und VFW-Fokker in Deutschland. Der erste von drei Prototypen machte am 14. Juli 1971 in Bremen seinen Erstflug. Er ging im folgenden Februar verloren, aber Ende 1972 flogen zwei weitere Prototypen und VFW-Fokker erwartete, daß die Zulassung der VFW 614 im Laufe des Jahres 1974 erfolgen würde. Inzwischen wurden Optionen für 23 Flugzeuge von Sterling Airways, Filipinas Orient Airways, Bavaria Flug, General Air, TABA, Cimber Air, Yemen Airlines und STA von Algerien ausgesprochen. Der Bau der ersten zehn Serienflugzeuge kam im Frühjahr 1974 in Gang, und die Cimber Air wandelte ihre Option im Mai in einen festen Auftrag für zwei Maschinen um.

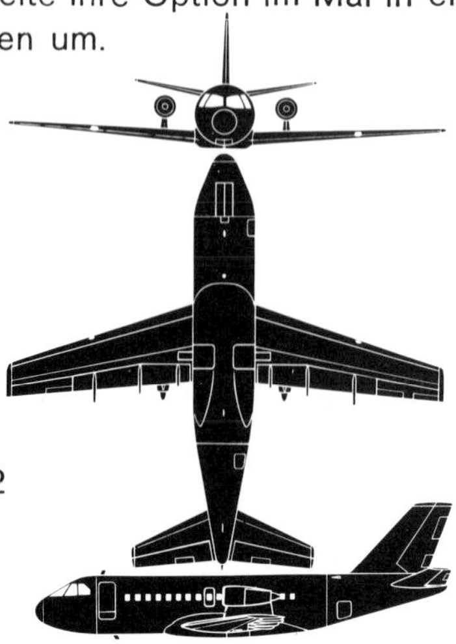

Kurzstreckenverkehrsflugzeug in der Entwicklung

Unterbringung: Besatzung 2, und 36–44 Passagiere
Antrieb durch: Zwei SNECMA/Rolls-Royce M.45H Mk 501 Turbofans mit 3302 kp Standschub
Spannweite: 21,50 m
Länge: 20,60 m
Fluggewicht: 19950 kg
max. Reisegeschwindigkeit: 720 km/h in 7620 m Höhe
Reichweite: 1200 km mit 40 Passagieren, mit Reserven

Vickers Vanguard und Merchantman Großbritannien

Die Vanguard ging aus einer Reihe von Entwurfsstudien hervor, die der BEA-Forderung nach einem »großen Bruder« für die Viscount entsprechen sollte. Die schließlich gewählte Konstruktion beruhte stark auf den Entwurfserfahrungen der Viscount, obwohl sie in beinahe jeder Hinsicht neu war. Die erste Vanguard, ein im Besitz von Vickers befindlicher Prototyp, flog zum erstenmal am 20. Januar 1959, und ihm folgte die erste von 20 durch die BEA (G-APEA) bestellten Maschinen am 22. April 1959. Die ersten sechs für die BEA bestimmten Flugzeuge waren Baumuster des Typs 951 mit Tyne 506 Triebwerken von 4985 Wellen-PS und einem Gewicht von 61235 kg. Sie gingen am 1. März 1961 bei der BEA voll in den Liniendienst. Vickers baute 23 Maschinen des Typs 952 für die TCA (Air Canada) mit Tyne 512 und einem Fluggewicht von 66448 kg. Die erste dieser Maschinen nahm am 1. Februar 1961 den Liniendienst auf. Der BEA-Auftrag wurde mit 14 Maschinen des Typs 953 erfüllt, die das höhere Gewicht und die Zuladung der 952 hatten, jedoch mit Tyne 506 Triebwerken ausgerüstet waren. Das erste dieser Flugzeuge flog am 1. Mai 1961 und war Ende desselben Monats auf den BEA Routen im Liniendienst. Im Oktober 1968 begann die BEA ein Programm zum Umbau von neun Vanguard in Merchantman Frachtmaschinen mit einer Ladetür und anderen von Aviation Traders entworfenen Modifikationen. Der erste Umbau wurde am 10. Oktober 1969 in Southend geflogen. Im selben Jahr begann die Air Canada ihre Vanguard außer Dienst zu stellen, und viele dieser Maschinen

Kurz-/Mittelstrecken-Passagier- und Frachtflugzeug, im Einsatz
Photo, Daten und Silhouette: Vanguard

Unterbringung: Besatzung 7 einschl. Kabinenbetreuung, und 76–139 Passagiere
Antrieb durch: Vier Rolls-Royce Tyne 512 Propellerturbinen mit 5545 Wellen-PS
Spannweite: 36,15 m
Länge: 37,45 m
Fluggewicht: 66448 kg
größte Zuladung: 16783 kg
max. Reisegeschwindigkeit: 685 km/h in 6100 m Höhe
typische Reichweite: 2945 km mit max. Zuladung bei 675 km/h

wurden in das britische Zivilflugzeugregister während des Rückkaufes durch Air Holdings eingetragen. Der erste dieser Verkäufe wurde Anfang 1970 abgeschlossen, als eine Vanguard im Leasing Verfahren an Angkasa Air Transport in Indonesien ging. Derzeitige Halter sind die British Airways, Europe Aero Service, Invicta International und Merpati.

Vickers (BAC) VC10 und Super VC10 Großbritannien

Die Entwicklung dieses Düsenverkehrsflugzeuges der »zweiten Generation« von Vickers wurde begonnen, um der von der BOAC gestellten Forderung nach einem Flugzeug für den Dienst auf den Empire-Routen zu entsprechen, wo lange Aufenthalte sowie heiße und hochgelegene Flughäfen die Betriebsbedingungen besonders erschweren. Die BOAC wies im Mai 1957 darauf hin, daß sie 35 dieser Flugzeuge bestellen würde. Die weitere Entwicklung der Konstruktion ermöglichte es, sie für den Transatlantikdienst zu dem Zeitpunkt anzubieten, an dem der Vertrag unterzeichnet wurde, nämlich im Januar 1958. Im Juni 1960 wurde eine vergrößerte Version der VC10 vorgestellt, die als die Super VC10 bekannt wurde, und 1961 gab die BOAC bekannt, daß sie ihren VC10 Auftrag auf 12 (Model 1101) reduziert habe, jedoch ebenfalls 30 Super VC10 mit einem um 3,95 verlängerten Rumpf, einer größeren Kraftstoffkapazität und höherem Fluggewicht abnehmen würde. Der BOAC Kontrakt für Super VC10 Muster wurde schließlich auf 17 (Model 1151) reduziert, wobei die Auslieferungen bis 1969 gedehnt wurden. Andere Luftfahrgesellschaften, die als Käufer für die VC10 und Super VC10 auftraten, waren die BUA, Ghana Airways und die EAA.
Eine der Maschinen der Ghana Airways kam im Leasing an die MEA und wurde bei einem israelischen Angriff auf den Flughafen von Beirut zerstört. Laker Airways kaufte Anfang 1968 den VC10 Prototyp, nachdem er auf Serienstandard als Mode I1109 umgebaut war und verkaufte ihn später an die BUA. Eine VC10

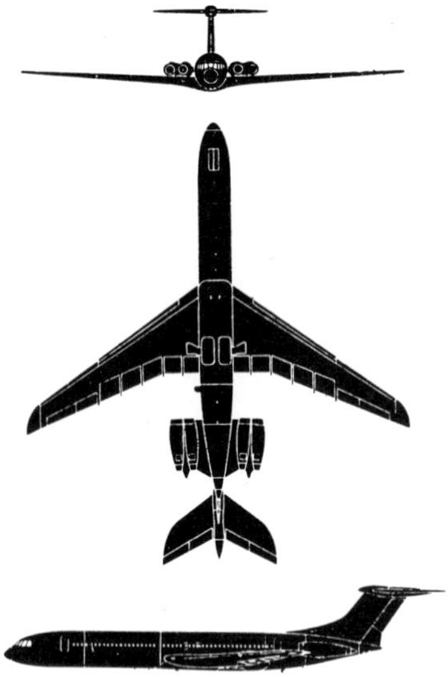

Mittel-/Langstreckenverkehrsflugzeug
im Einsatz
Photo, Silhouette und Daten:
Super VC10

Unterbringung: Besatzung 3–5, und bis zu 174 Passagiere
Antrieb durch: Vier Rolls-Royce Conway 550 Turbofans mit 10205 kp Standschub
Spannweite: 44,55 m
Länge: 52,32 m
Fluggewicht: 151950 kg
max. Reisegeschwindigkeit: 915 km/h in 12460 m Höhe
typische Reichweite: 7450 km mit max. Zuladung bei 885 km/h

der BOAC wurde an die Nigeria Airways verkauft und später zerstört, und eine Super VC10 der BOAC wurde 1970 in Dawsons's Field von Luftpiraten zerstört. Derzeitige Halter sind die British Airways (16 Super), British Caledonian (2, ex-BUA), EAA (4 Super), Ghana (1), Air Malawi (1, ex-British Caledonian), Gulfair (4, ex British Airways) und der Scheich von Abu Dhabi (2, ex-British Airways).

Vickers Viscount Großbritannien

Die erste Viscount, Typ 630 G-AHRF (Erstflug am 16. Juli 1948) war kleiner als alle nachfolgenden Exemplare, jedoch sind alle Maschinen der Baureihe 700 dem Prototyp 700 G-AMAV in den Abmessungen gleich. Letzterer machte am 28. August 1950 seinen Erstflug. Erste Serienflugzeuge hatten Dart 505 oder 506 Triebwerke und flogen mit geringerem Gewicht. Das Muster erhielt die Bezeichnung 700D, hatte Dart 510 Triebwerke, eine Vorrichtung für Flächentanks und ein Fluggewicht von 29250 kg. 285 Maschinen der Baureihe 700 wurden von den Luftfahrtgesellschaften bestellt, dazu kamen verschiedene Varianten für VIP und Geschäftsreiseflugzeuge. Das jeweilige erste Flugzeugmuster für einen Kunden war durch eine separate Typ-Nummer zwischen 700 und 799 gekennzeichnet. Die 810 Baureihe wurde später aus der 700 Baureihe entwickelt mit größerer Länge und leistungsstärkeren Triebwerken. Die erste dieser Maschinen (G-AOYV) flog am 23. Dezember 1957. Das erste Flugzeug der Baureihe 800 war die 802 für die BEA (Erstflug am 27. Juli 1956) Sie hatte dasselbe Triebwerk wie die 700D, jedoch den längeren Rumpf der 810 Serie, und konnte über kürzere Distanzen eine größere Zuladung transportieren. Die Serienproduktion der Viscount lief 1959 aus, aber Vickers baute eine kleine Anzahl von Viscounts bis zum Frühjahr 1964 weiter, die letzten Flugzeuge auf der Taktstraße in Hurn waren sechs Maschinen für den Liniendienst in China. Die Gesamtzahl aller gebauten Viscount Varianten war 444 Stück. Die meisten größeren Fluggesellschaften haben ihre Viscount außer

Kurz-/Mittelstreckenverkerhsflugzeug im Enisatz
Photo: Viscount 708
Die Daten beziehen sich auf die Viscount 810

Unterbringung: Besatzung 3–5, und 52–75 Passagiere
Antrieb durch: Vier Rolls-Royce Dart 525 Propellerturbinen mit 1990 Wellen-PS
Spannweite: 28,56 m
Länge: 26,11 m
Fluggewicht: 32886 kg
größte Zuladung: 6577 kg
max· Reisegeschwindigkeit: 575 km/ in 4575 m Höhe
Reichweite: 2830 km mit 6575 kg Zuladung bei 550 km/h

Dienst gestellt, jedoch sind viele Maschinen im Dienst von Zweitkäufern. Andere finden Verwendung als Geschäftsreiseflugzeug privater Firmen sowie bei Regierungen und Luftstreitkräften.

Jakowlew Jak-40 UdSSR

Die Jak-40 wurde zuerst am 21. Oktober 1966 geflogen und ist die kleinste in der derzeitigen Reihe der in Rußland gebauten Düsen-Verkehrsflugzeuge. Sie ist als erstes ziviles Verkehrsflugzeug, das aus dem Konstruktonsbüro Jakowlew kommt, von besonderem Interesse. Jakowlew hatte sich viele Jahre lang auf Hochleistungs-Kampfbomber und Jagdflugzeuge konzentriert. Die Verwendung von drei Triebwerken in einem so kleinen Flugzeug erscheint ebenfalls interessant; es kann mit beliebigen zwei Triebwerken starten und steigen, und während des Reisefluges mit zwei abgestellten Triebwerken die Flughöhe halten. Die Produktion der Jak-40 begann im Jahre 1967 für die Aeroflot als Ersatz für einige Hundert noch im Einsatz befindliche Li-2. Mehr als 200 Stück waren im April 1970, als die Produktion von 300 weiteren Maschinen in Auftrag gegeben war, im Flugdienst. Eine Reiseflugzeugversion hauptsächlich für den Exportmarkt ist gleichfalls vorgestellt worden.
Die Aertirrena in Italien erwarb zum Vertrieb der Jak-40 in Europa eine Agentur und übernahm die Auslieferung der ersten in Europa zugelassenen Jak-40 (I-JAKA) Ende 1970. Zwei Maschinen wurden an die Bakhtar Afghan Airlines geliefert. Andere Maschinen sollen von Air Calypso (1), Balkan Bulgarian (2), Egypt Air (4), General-Air (5) und LAB (5) bestellt worden sein.
In der Entwicklung ist die Jak-42, ein Kurzstreckenverkehrsflugzeug mit 120 Sitzen von ähnlicher Konfiguration, das von drei Lotarew D-36 Turbofan Triebwerken mit 6440 kp Standschub an-

Kurzstrecken-Düsenverkehrsflugzeug
in Produktion und Einsatz

Unterbringung: Besatzung 2, und
27–32 Passagiere
Antrieb durch: Drei Iwtschenko AI-25
Turbofans mit 1500 kp Standschub
Spannweite: 25,00 m
Länge: 20,36 m
Fluggewicht: 16000 kg
Zuladung: 2720 kg
Reisegeschwindigkeit: 470 – 550 km/h
Reichweite: 1800 km mit max. Zuladung
und Reserven

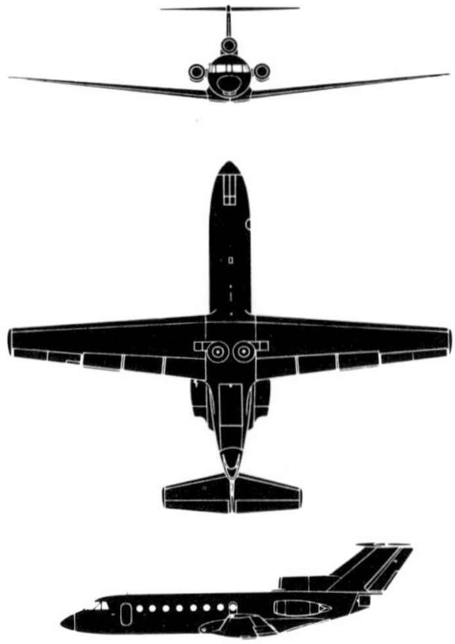

getrieben wird. Es wird erwartet, daß dieses Flugzeug Ende der 70er Jahre in Dienst gestellt wird.

Teil Zwei

Größere Verkehrsflugzeuge der dritten Ebene, Lufttaxis, größere Mehrzweckflugzeuge und zweimotorige Geschäftsreiseflugzeuge

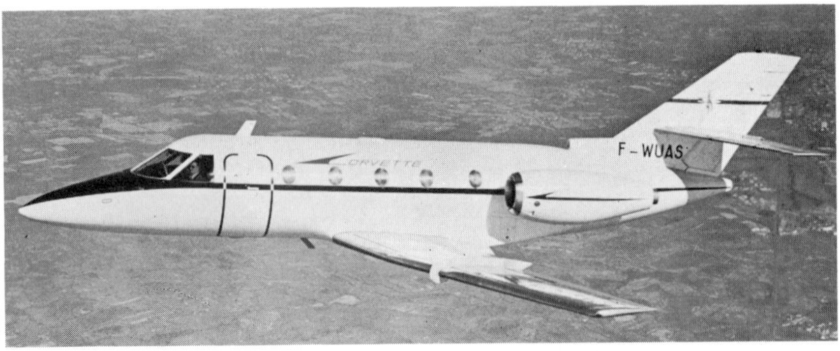

Aerospatiale Corvette 100 — Frankreich

Die Corvette ist ein leichtes Mehrzweckflugzeug, das als Geschäftsreiseflugzeug, Lufttaxi, Sanitätsflugzeug, Fracht- oder Übungsflugzeug benutzt werden kann. Der Prototyp (mit JT15D-1 Triebwerken) machte am 16. Juli 1970 seinen Erstflug, wurde jedoch im März 1971 zerstört. Ihm folgten zwei Vorserienmuster, deren erstes am 20. Dezember 1972 mit JT15D-4 Triebwerken flog, und das erste Serien-Exemplar, das im November 1973 flog. Die Fertigung ist auf zwei Flugzeuge pro Monat angewachsen, zu den ersten Bestellungen gehören vier für die Air Alpes, eine für die Air Alsace, eine für die Protection Civile und 70 Maschinen für den Wiederverkauf in Nord-Amerika durch das Air Center von Oklahoma. De Corvette 200 wird einen längeren Rumpf haben.

Geschäftsreisejet und Lufttaxi
in Produktion

Unterbringung: Besatzung 1 oder 2, und 6–13 Passagiere
Antrieb durch: Zwei Pratt & Whitney JT15D-4 Turbofans mit 10433 kp Standschub
Spannweite: 12,80 m
Länge: 13,66 m
Fluggewicht: 6100 kg
größte Zuladung: 1000 kg
max. Reisegeschwindigkeit: 800 km/h in 9145 m Höhe
Reichweite: 1465 km mit max. Zuladung bei 640 km/h (mit Reserven)

Antonov An-2 — UdSSR/Polen

Die An-2 ist in erster Linie für den Einsatz als Landwirtschaftsflugzeug konstruiert. Sie erschien 1947 und wurde in der Folgezeit für verschiedene Mehrzweckaufgaben eingesetzt, bis 1962 wurden 5000 Stück in der Sowjet Union gebaut. Der Basis-Leichttransporter der Aeroflot ist die An-2P, und die erste Landwirtschaftsversion war die An-2S. Letztere wurde von der An-2M abgelöst, die eine Anzahl äußerer Änderungen und verbesserte Flugleistung aufwies. Andere Versionen waren die An-2V (Wasserflugzeug) und die An-2L ebenfalls ein Schwimmerflugzeug (Wasserbomber). Unter dem einheimischen Namen Fong Chou wurde die An-2 in China gebaut, wo das erste Exemplar im Dezember 1957 flog. In Polen wurde das Muster seit 1960 in Großserie gebaut und bis zum Jahre 1973 sollen über 5000 Flugzeuge von den WSK-Mielec Werken, dem derzeit einzigen Hersteller, gefertigt worden sind. Polnische Varianten waren die An-2R (entsprechend der sowjetischen An-2S), die An-2S (Sanitätsflugzeug) die An-2T (gemischte Passagier/Frachtversion), die An-2P und die An-2M (als An-2V).

Flugzeug für allgemeine Transportaufgaben und Vielzweckflugzeug. Die Daten beziehen sich auf die in Polen gebaute An-2P

Unterbringung: 1 oder 2 Piloten, sowie 12 erwachsene Passagiere und 2 kleine Kinder

Antrieb durch: Einen 1000 PS Schwezow ASch-62 R Kolbenmotor
Spannweite: 18,18 m / Länge: 12,40 m
Fluggewicht: 5500 kg
normale Reisegeschwindigkeit: 185 km/h
Reichweite: 900 km mit 500 kg Zuladung

Antonov An-14 UdSSR

Die am 15. März 1958 erstmals geflogene An-14 wurde einem langwierigen Flugentwicklungs- und Verbesserungsprogramm unterzogen und ging schließlich 1965 in der abgebildeten Form in den Flugdienst. Zu den Änderungen seit Erscheinen des Prototyps gehören die Verwendung leistungsstärkerer Triebwerke (im Anfang wurden AI-14R von 260 PS benutzt), ein vergrößerter Tragflügel und ein überarbeitetes Leitwerk. Die An-14 wird bei der Aeroflot als Lufttaxi, Sanitätsflugzeug (6 Tragbahren) sowie Landwirtschaftsflugzeug benutzt und kann auch mit Schwimmern geflogen werden. Eine Reiseflugzeugversion für 5 Passagiere ist ebenfalls entwickelt worden, jedoch wird die An-14 hauptsächlich als Mehrzweckflugzeug verwendet.

Leichtflugzeug für allgemeine Transportaufgaben,
in Produktion und Einsatz

Unterbringung: Pilot und bis zu 8 Passagiere
Antrieb durch: Zwei 300 PS Iwtschenko AI-14RF Kolbenmotoren
Spannweite: 21,99 m
Länge: 11,32 m
Fluggewicht: 3600 kg
Reisegeschwindigkeit: 175–190 km/h
Reichweite: 470 km mit max. Zuladung

Antonow An-28 — UdSSR

Zuerst 1969 geflogen, außerhalb Rußlands jedoch erst 1972 bekanntgeworden, stellt die An-14M eine Ableitung der älteren An-14 dar, von der sie sich durch ihre Propellerturbinen und dem neuen breiteren Rumpf unterschied. Im Laufe der Prototyp-Flugversuche wurden verschiedene Änderungen durchgeführt: das einziehbare Fahrgestell der ersten An-14M ist jetzt ein festes Fahrgestell und die Größe und Form der Seitenleitwerksflächen wurden variiert. Mit der für ihn bestimmten Bezeichnung An-28 sollte dieser Flugzeugtyp 1974 in Produktion gehen, und er wird zu geeigneter Zeit wahrscheinlich den Doppeldecker An-2 in vielen seiner allgemeinen Einsatzarten ersetzen.

Leichtflugzeug für allgemeine Transportaufgaben, in Produktion und Einsatz

Unterbringung: Besatzung 1 oder 2, und bis zu 15 Passagiere
Antrieb durch: Zwei Isotow TVD-850 Propellerturbinen mit 810 Wellen-PS
Spannweite: 21,99 m
Länge: 12,98 m
Fluggewicht: 5600 kg
Reisegeschwindigkeit: 305 km/h
Reichweite: 900—1150 km

Beagle B.206 — Großbritannien

Als erstes von Beagle produziertes Flugzeug eigener Konstruktion hatte der Prototyp B.206X (G-ARRM) 260 PS Continental I0-470-A Motoren und eine Spannweite von 11,58 m. Ihm folgte die B.206Y (G-ARXM) und zwei B.206Z Vorserienmuster mit 310 PS GIO-470-As Motoren. Auslieferung des fünf- bis achtsitzigen B.206C Serienmusters begann 1965 zusammen mit den ersten von 20 gleichen B.206R für die RAF, welche die Bezeichnung Basset C.C. Mk 1 erhielten. Die B.206S (oder Series II) mit aufgeladenen Motoren machte am 23. Juni 1965 ihren Erstflug. Sie hatte eine verbreiterte hintere Tür sowie andere Verfeinerungen. 40 zivile Beagle 206 wurden verkauft.

Zweimotoriges Geschäftsflugzeug im Einsatz
Die Daten beziehen sich auf die B.206S

Unterbringung: 5–8 Sitze
Antrieb durch: Zwei 340 PS Rolls-Royce Continental GTSIO-520 Kolbenmotoren mit Turboaufladung
Spannweite: 13,96 m
Länge: 10,26 m
Fluggewicht: 3400 kg
Reisegeschwindigkeit: 300–335 km/h
max. Reichweite: 2575 km bei 300 km/h ohne Reserven

Beechcraft Model 18 — USA

Die Beech 18 wurde zum erstenmal am 15. Januar 1937 geflogen und blieb ununterbrochen bis Ende 1969 in Produktion, was sicher einen Rekord an Lebensdauer für einen Flugzeugtyp überhaupt darstellt; über 9000 Stück wurden gebaut. Die letzten 3 Flugzeuge verließen Wichita für die Japan Air Lines am 26. November 1969. Bei der Super 18 Series des Nachkriegsgeschäftsreiseflugzeuges, von dem über 700 gebaut worden waren, wurden zahlreiche Änderungen durchgeführt, und ein Volpar Bugrad wurde als Alternative zum Spornradmuster angeboten. Auf der Grundlage der Beech 18 standen auch einige Änderungsvorhaben mit Propellerturbinen und anderen Merkmalen. Die daraus resultierenden Varianten hatten alle ein Volpar Bugrad und umfaßten den Dumodliner, der zur Aufnahme von 14 Passagieren gestreckt war; die PAC Tradewind mit einfachem Seitenleitwerk und die Volpar Turbo 18 und Turboliner mit Turbopropantrieb (s. Seite 181).

Leichtes Verkehrsflugzeug, im Einsatz
Daten für: Super H 18

Unterbringung: 2 Piloten und 5–7 Passagiere
Antrieb durch: Zwei 450 PS Pratt & Whithney R-985-AN-14B Kolbenmotoren
Spannweite: 15,14 m
Länge: 10,70 m
Fluggewicht: 4490 kg
max. Reisegeschwindigkeit: 335 km/h in 3050 m Höhe
Reichweite: 2460 km

Beechcraft Baron **USA**

Beech brachte die Model 95-55 Baron im November 1960 als Nachfolgemuster der leistungsschwächeren Model 95 Travel Air heraus (719 gebaut), die kein gepfeiltes Seitenleitwerk aufwies. Ursprünglich als 4/5sitziges Flugzeug gebaut, wurde die Baron in die 4/6sitzigen B, C, D und E55 Muster mit leistungsstärkeren Triebwerken weiterentwickelt. Andere Varianten sind die A56TC Turbo-Baron (380 PS TIO-541 Motoren mit Turboaufladung) und die 1970 neu herausgekommene Model 58 mit nach vorn verlängertem Rumpf und Doppeltüren für Passagiere und Frachtzuladung. Die Baron Produktion kam insgesamt bis März 1974 auf 3305 Stück.

Zweimotoriges Geschäftsflugzeug
in Produktion und Einsatz
Photo und Daten: Baron 58

Unterbringung: 4–6 Sitze
Antrieb durch: Zwei 285 PS Continental IO-520-C Kolbenmotoren
Spannweite: 11,53 m
Länge: 9,09 m
Fluggewicht: 2449 kg
Reisegeschwindigkeit: 230–370 km/h
max. Reichweite: 2185 km

Beechcraft Duke USA

Die Duke wurde zum erstenmal am 29. Dezember 1966 geflogen und wurde zur Vervollständigung des Zweimotoren-Programms von Beech entworfen. Sie fügt sich zwischen die leichte zweimotorige Baron und die Familie der schweren Queen Air. Für Flüge oberhalb 6000 m besitzt sie eine Druckkabine, und sie hat Motoren mit Turbo-Aufladung. Auslieferungen begonnen Anfang 1968, nach der am 1. Februar erfolgten Zulassung und Anfang 1974 waren 270 Stück gebaut worden. Das derzeitige Muster trägt die Bezeichnung A60 und weist ein Anzahl von Verbesserungen auf.

Zweimotoriges Geschäftsflugzeug in Produktion und Einsatz

Unterbringung: 4–6 Personen auf Einzel-Sitzen
Antrieb durch: Zwei 380 PS Lycoming TIO-541-E1A4 Kolbenmotoren
Spannweite: 11,96 m
Länge: 10,31 m
Fluggewicht: 3073 kg
Reisegeschwindigkeit: 315–450 km/h
max. Reichweite: 1890 km in 7620 m Höhe

Beechcraft Twin Bonanza — USA

Das erste Exemplar der Twin Bonanza flog am 15. November 1949 als direkte Weiterentwicklung der Bonanza (Seite 108), und sie wurde das erste zweimotorige Leichtflugzeug, moderner Konfiguration, das nach dem Krieg in Serie ging. Die ersten Baumuster hatten 260 PS Motoren, die folgende Entwicklung brachte 275 PS, 295 PS und schließlich 340 PS Motoren. Als letzte Serienversion hatte die J50 einen schlankeren Rumpfbug als ihre Vorgänger und andere Verfeinerungen. Das Muster machte schließlich der Travel Air und Baron Platz, nachdem 974 Stück gebaut worden waren. Zu den modernisierten Varianten gehören die Excalibur 800, eine Twin Buranza D50 mit 400 PS Lycoming IO-720 Motoren und weiteren Verbesserungen.

Leichtes zweimotoriges Geschäftsflugzeug, im Einsatz
Photo: E50
Daten: J50

Unterbringung: 6 Sitze
Antrieb durch: Zwei 340 PS Lycoming IGSO-480-A1B6 Kolbenmotoren
Spannweite: 13,99 m
Länge: 9,61 m
Fluggewicht: 3311 kg
Reisegeschwindigkeit: 275 – 360 km/h
max. Reichweite: 2655 km

Beechcraft Queen Air — USA

Die ersten Queen Air waren 6/9 Sitzer mit der Bezeichnung Model 65 (Erstflug 28. August 1958), gefolgt von A65 mit gepfeilten Seitenleitwerk; beide hatten 340 PS Lycoming IGSO-480-A1E6 Motoren. Queen Air 70 hatten größere Spannweiten und das gleiche Triebwerk wie die A65. Die Produktion dieser Baumuster lief 1971 aus, nachdem insgesamt 444 Stück gebaut worden waren. davon 71 militärische U-8F und einige elfsitzige Queen Airliner Versionen. Ein Queen Air 80 Prototyp flog am 22. Juni 1961 mit größerer Motorleistung und ging als die A80 und B80 mit vergrößerter Spannweite in Produktion. Anfang 1974 waren 476 Queen Air 80 gebaut worden. Die Excalibur Aviation bietet eine modifizierte Version der Queen Air 65 und 80 als Queenaire 800 an mit 400 PS Lycoming I0-720 Motoren und anderen Verfeinerungen.

Zweimotoriges Geschäftsflugzeug
in Produktion und Einsatz
Photo: Queen Airliner
Daten: Muster B80

Unterbringung: Besatzung 1 oder 2, und 4–9 Passagiere
Antrieb durch: Zwei 380 PS Lycoming IGSO-540-A1D Kolbenmotoren
Spannweite: 15,32 m
Länge: 10,82 m
Reisegeschwindigkeit: 295–360 km/h
max. Reichweite: 2495 km

Beechcraft King Air **USA**

Beech entwickelte die druckbelüftete King Air als Folgemuster der kolbenmotorgetriebenen Queen Air über die militärische NU-8F, die mit PT6A Propellerturbinen ausgerüstet war. Ein Serienprototyp des zivilen Musters flog am 20. Januar 1964 und kam im Laufe desselben Jahres als Model 90 mit PT6A-6 Triebwerken in die Fertigung. Eine Umstellung auf -20 Motoren wurde bei der Model A90 gemacht, die 1966 vorgestellt wurde. Die King Air 90 hat eine Spannweite von 15,32 m, eine Länge von 10,82 m und ein Fluggewicht von 4377 kg. Die King Air 100 erschien im Jahre 1969 mit geringerer Spannweite, größerer Länge, höherem Gewicht und leistungsstärkeren Triebwerken. Die gleichen PT6A-28 Triebwerke in Verbindung mit der früheren Zelle ergaben die King Air E90 im Jahre 1972. Die Produktion aller Baumuster kam bis Anfang 1974 auf insgesamt über 900 Stück.

Zweimotoriges Geschäfts- und Verkehrsflugzeug der Dritten Ebene
in Produktion und Einsatz
Photo und Daten: King Air A100

Unterbringung: 2 Pilioten und bis zu 13 Passagiere
Antrieb durch: Zwei Pratt & Whitney PT6A-28 Propellerturbinen mit 680 Wellen-PS
Spannweite: 13,98 m
Länge: 12,17 m
Fluggewicht: 5216 kg
max. Reisegeschwindigkeit: 460 km/h
max. Reichweite: 2385 km

Beechcraft 99 USA

Beech Aircraft entwickelte das Muster 99 aus der Queen Air durch Streckung des Rumpfes und Einbau von Propellerturbinen. Der Lang-Rumpf-Prototyp machte seinen Erstflug mit Kolbenmotoren im Dezember 1965 und mit den neuen Triebwerken im Juli 1966. Ein Serienprototyp flog Anfang 1968, und die Auslieferungen setzten am 2. Mai des gleichen Jahres ein mit 550 PS PT6A-20 Triebwerken. Die Muster 99A und A99A hatten PT6A-27 Triebwerke mit einer herabgesetzten Wellenleistung von 550 PS, und die darauf-folgende B99 die gleichen Triebwerke mit voller Leistung. Mehr als 150 Maschinen sind ausgeliefert worden.

Leichtes Transport- und Linienflugzeug der Dritten Ebene
in Produktion und Einsatz
Daten für: B99

Unterbringung: Pilot und 15 Passagiere
Antrieb durch: Zwei Pratt & Whitney PT6A-27 Propellerturbinen mit 680 Wellen-PS
Spannweite: 14,00 m
Länge, 13,58 m
Fluggewicht: 4944 kg
max. Reichweite: 1350 km
max. Reisegeschwindigkeit: 455 km/h

Beechcraft Super King Air 200 USA

Die Super King Air wurde von Beech (mit der Konstruktionsbezeichnung Muster 101) über einen Zeitraum von vier Jahren entwickelt und als Ergänzung der King Air Baureihe ab 1974 angeboten. Verglichen mit der King Air (s, Seite 63) hat die Super leistungsstärkere Triebwerke, die zur Lärmminderung in der Kabine vom Rumpf weg weiter nach außen verlegt wurden, ein T-förmiges Leitwerk, einen verlängerten Rumpf, vergrößerte Spannweite und Kraftstoffkapazitä sowie ein höheres Druckbelüftungsniveau der Kabine. Zwei Prototypen wurden zur Flugerprobung verwendet, die Erstflüge fanden am 27. Oktober und 15. Dezember 1972 statt.

Geschäftsflugzeug, in Produktion und Einsatz

Unterbringung: 2 Plätze in der Flugzeugkanzel und 6–8 Passagiere in der Kabine
Antrieb durch: Zwei Pratt & Whitney PT6A-41 Propellerturbinen mit 850 Wellen-PS
Spannweite: 16,60 m
Länge: 13,16 m
Fluggewicht: 5670 kg
Reisegeschwindigkeit: 535 km/h in in 3660 m Höhe
Reichweite: 2960 – 3290 km

Britten-Norman BN-2 Islander — Großbritannien

Über 650 dieser einfachen und robusten Leichtverkehrsflugzeuge sind bis September 1974 bestellt worden. Der Prototyp machte am 13. Juni 1965 von 210 PS Continental I0-360-B Motoren angetrieben seinen Erstflug, jedoch hatten die Serienmaschinen 260 PS Lycoming Motoren als Standardausrüstung. Vom 25. Flugzeug an hatte die BN-2A eine vergrößerte Zuladung und ein erhöhtes Fluggewicht und wird in verschiedenen Konfigurationen angeboten, deren auffälligste zusätzliche Kraftstofftanks in den dafür ausgebildeten Flügelenden hat. Ebenso angeboten wird eine Version für den Betrieb von heißen und hochgelegenen Flugplätzen mit 300 PS Lycoming I0-540-K1B5 Motoren und eine Version mit aufgeladenen TIO-540-H Motoren mit je 270 PS. Die BN-2A-8S weist einen längeren Rumpfbug auf, hat zwei weitere Sitze in der Kabine und ein Fluggewicht von 2993 kg. Fertigungsstraßen für die Produktion der Islander sind auch in Belgien und Rumänien.

Leichtes Zubringerflugzeug
in Produktion und Einsatz
Daten für: BN-2A

Unterbringung: Pilot und bis zu 9 Passagiere
Antrieb durch: Zwei Lycoming O-540-E4C5 Kolbenmotoren mit 260 PS
Spannweite: 14,94 m
Länge: 10,86 m
Fluggewicht: 2857 kg
Reisegeschwindigkeit: 255 km/
max. Reichweite: 1920 km

Britten-Norman BN-2AMk III Trislander Großbritannien

Britten-Norman entwickelte die Mk III Trislander durch Einbau eines dritten Motors und Rumpfstreckung. Die zusätzliche Länge wurde durch Einsetzen eines 2,29 m langen parallelen Rumpfabschnittes erhalten und der dritte Motor ist an der Seitenleitwerksflosse untergebracht. Außer einigen Verstärkungen blieb die übrige Zelle im wesentlichen unverändert. Der zweite Islander Prototyp (G-ATWU) wurde auf diesen Stand umgebaut und flog als Islander III Prototyp (jetzt Trislander genannt), am 11. September 1970, nachdem er vorher in der Übergangsform eines Zweimotorers mit einem 0,66 m längeren Rumpf erprobt worden war. Ein Trislander Serienprototyp flog am 6. März 1971, und Auslieferungen begannen im Juni desselben Jahres. Die Produktion wurde im Jahre 1963 nach Belgien verlegt, nachdem die Fairey Gruppe Britten-Norman aufgekauft hatte. Über 20 Maschinen waren bis Jahresmitte 1974 bestellt worden.

Leichtes Zubringerflugzeug
in Produktion und Einsatz

Unterbringung: Besatzung 1 oder 2, und 16–17 Passagiere
Antrieb durch: Drei 260 PS Lycoming O-540-E4C5 Kolbenmotoren
Spannweite: 16,15 m
Länge: 13,34 m
Fluggewicht: 4536 kg
max. Reisegeschwindigkeit: 295 km/h
max. Reichweite: 1385 km

Canadair CL-215 **Kanada**

Die CL-215 wurde von Canadair nach jahrelangen intensiven Untersuchungen der Anforderungen dieser Einsatzart als Spezial-Wasser-Bomber entwickelt. Als Wasserbomber kann das Flugzeug in einem Rumpftank, der in weniger als einer Sekunde entleert werden kann, und in zwölf Sekunden bei einer Schnellfahrt über einen See wieder auffüllbar ist, 5440 kg Wasser transportieren. Der CL-215 Prototyp machte am 23. Oktober 1967 seinen Erstflug, und die ersten vier von zwölf bestellten Maschinen für die französische Protection Civile wurden im Laufe des Jahres 1969 eingesetzt. 15 Maschinen wurden an die Provinzialregierung von Ontario ausgeliefert, und zwei für den Einsatz in Spanien aus dem ersten Fertigungslos. Die Auslieferung eines zweiten Fertigungsloses begann im April 1974, darunter acht weitere Flugzeuge für Spanien und zwei für Griechenland.

Wasserbomber und Amphibienflugzeug für allgemeine Aufgaben, in Produktion und Einsatz

Unterbringung: Besatzung 2–4 und Wassertanks oder bis zu 19 Passagieren
Antrieb durch: Zwei 2100 PS Pratt & Whitney R-2800-83A-12AD/CA3 Kolbenmotoren
Spannweite: 28,60 m
Länge: 18,92 m
Fluggewicht: 19728 kg
Reisegeschwindigkeit: 290 km/h
Reichweite: 980–1800 km entsprechend der Zuladung

Canadian Car und Foundry Norseman **Kanada**

Die robuste Norseman wurde 1934 speziell für die kanadische Busch-Fliegerei konstruiert, und ein Prototyp flog im Jahr 1935 von einem 450 PS Motor angetrieben. Vorkriegsserienmuster waren die Norseman II und IV, die von der Noorduyn Company gebaut wurden, die auch 746 dieser Flugzeuge für die USAAF mit der Bezeichnung UC-64 während des Krieges herstellte. Im Jahre 1946 erwarb die CCF diese Konstruktion und produzierte eine verbesserte Version, die Norseman V, bis zum Jahre 1950. Zu dieser Zeit waren etwa 850 Flugzeuge aller Muster gebaut worden. Viele fliegen noch in Kanada, oft mit Schwimmern oder Skiern.

Mehrzweckflugzeug, im Einsatz
Daten für: Norseman V

Unterbringung: Pilot und 7–9 Passagiere
Antrieb durch: Einen 600 PS Pratt & Whitney S3H1 oder R-1340-AN1 Wasp Kolbenmotor
Spannweite: 15,74 m
Länge: 10,16 m
Fluggewicht: 3357 kg
Reisegeschwindigkeit: 225 km/h
Reichweite: 750 km

Cessna Skywagon 207 — USA

Die Skywagon 207 und Turbo-Skywagon T207 mit 300 PS Continental TSIO-520-G Motor wurden im Februar 1969 als 7sitzige Versionen der früheren Muster 205 und 206 Skywagon und Stationair (s. Seite 114) Familie von Mehrzweckflugzeugen vorgestellt. Nur der Pilotensitz ist Standardausrüstung, andere Sitze werden je nach Einsatzart des Flugzeugs geliefert. Die Zuladung von Fracht wird durch Ladetüren von doppelter Breite an der hinteren Steuerbordseite der Kabine ermöglicht; kleinere Türen befinden sich an beiden Seiten des Vorderteils. Der Skywagon 207 Prototyp flog zum erstenmal am 11. Mai 1968. Insgesamt 236 Model 207 sind bis Anfang 1974 ausgeliefert worden.

Einmotoriges Mehrzweckflugzeug
in Produktion und Einsatz
Daten für: Muster 207

Unterbringung: Pilot und bis zu 6 Passagieren
Antrieb durch: Einen 300 PS Continental IO-520-F Kolbenmotor
Spannweite: 10,92 m
Länge: 9,68 m
Fluggewicht: 1724 kg
Reisegeschwindigkeit: 210 – 255 km/h
Reichweite: 940 – 1490 km ohne Reserven

Cessna 310/340 USA

Die populäre Model 310 von Cessna machte am 3. Januar 1953 ihren Erstflug und ging 1954 in Produktion. Seitdem sind mehr als 3700 Stück gebaut worden. Die ersten Baumuster hatten ein ungepfeiltes Seitenleitwerk; das heutige gepfeilte Seitenleitwerk begann mit der Model 310 D im Jahre 1960, und die derzeitige 310Q hat 260 PS Continental IO-470 Motoren und eine Kielflosse. Die angegebenen Daten sind für das entsprechende Turbo-System T310Q mit torboaufgeladenen Motoren. Diese Variante trat anstelle der Model 320 Skyknight, deren Produktion im Jahre 1968 auslief, nachdem 575 Maschinen ausgeliefert worden waren. 1972 stellte Cessna die druckluftbelüftete Model 340 vor, die aus der 310 Grundkonstruktion abgeleitet war und den Tragflügel der Model 414 besaß.

Zweimotoriges Geschäftsflugzeug
in Produktion und Einsatz
Daten für: Turbo-System T310Q
Photo: Muster 340

Unterbringung: 5 oder 6 Sitze
Antrieb durch: Zwei 285 PS Continental TSIO-520-B Kolbenmotoren
Spannweite: 11,25 m
Länge: 8,92 m
Fluggewicht: 2494 kg
Reisegeschwindigkeit: 370–415 km/h
max. Reichweite: 3105 km – keine Reserven

Cessna 337 Skymaster USA

Der Prototyp dieses revolutionären zweimotorigen, viersitzigen Geschäftsreiseflugzeuges mit Zug- und Druckpropeller flog am 28. Februar 1961, und die Auslieferung von Serienmaschinen begann im Mai 1963. Angetrieben von zwei 210 PS Continental I0-360 Motoren verband die Skymaster alle Vorteile eines normalen leichten Zweimotorers mit einfacheren Handhabungsmerkmalen, besonders nach Aussetzen eines Motors. Die ursprüngliche Model 336 Skymaster, von der 195 Stück gebaut wurden, hatte ein nicht einziehbares Fahrgestell. Die Model 337 mit einziehbarem Fahrgestell ersetzte dieses Muster im Jahre 1965 und hatte darüber hinaus eine Anzahl neuer Merkmale. Ein Frachtpaket kann außen unter dem Rumpf transportiert werden. Die Turbo-System Super Skymaster mit turboaufgeladenen Motoren wurde im April 1967 vorgestellt, und bis 1974 wurden über 2000 Model 337 gebaut, darunter militärische O-2 Versionen. In diese Baureihe kam 1972 noch zusätzlich eine druckbelüftete Version, deren technische Daten hier angegeben sind. Reims Aviation montiert die Standardversionen in Frankreich. Dazu bietet sie eine STOL Version mit besonderen Hochauftriebsklappen als Muster FA-337 an.

Leichtes Transportflugzeug
in Produktion und Einsatz
Photo und Daten:
Druckbelüftete Skymaster

Unterbringung: 4–6 Sitze
Antrieb durch: Zwei 225 PS Continental TSIO-360-A/B Kolbenmotoren
Spannweite: 11,63 m
Länge: 9,07 m
Fluggewicht: 2132 kg
Reisegeschwindigkeit: 365 km/h in 4875 m Höhe
Reichweite: 1770–2420 km

Cessna 401/402 USA

Cessna kündigte diese zusätzlichen Muster zu seinem Angebot zweimotoriger Flugzeuge Ende 1966 an, nachdem der 401 Prototyp am 26. August 1965 geflogen war. Sie waren dem Model 411, das später fallengelassen wurde, nahe verwandt, jedoch leichter und billiger. Die 6/8sitzige Model 401 zielt eigens auf den Geschäftsreiseflugzeugmarkt ab, während die Model 402 Businessliner und Utililiner mit gleichen Abmessungen, Gewichten und Leistungen, einen überarbeiteten Innenraum zur Verwendung als 9/10sitziges Nahverkehrs- oder leichtes Frachtflugzeug hat. Die 1971 eingeführte Model 402 B hat einen längeren Rumpfbug als die ursprüngliche 401. Über 960 Exemplare dieser zwei Muster sind bis Anfang 1974 gebaut worden. American Jet Industries bietet einen Turboprop-Umbau der Model 402 mit Allison 250-B17 Triebwerken von 400 PS Wellenleistung als die Turbo Star 402A an.

Zweimotoriges Geschäftsflugzeug und Lufttaxi, in Produktion und Einsatz
Daten für: Muster 402B
Photo: Muster 402 Businessliner

Unterbringung: Bis zu 10 Sitzen
Antrieb durch: Zwei 300 PS Continental TSIO-520-E Kolbenmotoren mit Turboaufladung
Spannweite: 12,15 m
Länge: 11,00 m
Fluggewicht: 2858 kg
Reisegeschwindigkeit: 345–385 km/h in 6100 m Höhe
Reichweite: 1060–2340 km

Cessna 411/414/421 **USA**

Nach ihrem am 18. Juli 1962 absolvierten Erstflug ging die Cessna 411 als größtes Flugzeug des Cessna-Angebots in Produktion, und die Auslieferungen begannen im Februar 1965. Die Produktion lief im Juni 1968 aus, nachdem 301 Maschinen gebaut worden waren, und die Spitze des Angebotes nahm stattdessen die Model 421 ein die ihr entsprach, jedoch eine Druckbelüftung besaß. Derzeitige Baumuster sind die 421B Executive Commuter, eine zehnsitzige Transportmaschine, und die 421B Golden Eagle, beide mit um 0,71 m längerem Rumpf und 0,61 m größerer Spannweite. Erstmals am 1. November 1968 geflogen, verbindet die Model 414 den druckbelüfteten Rumpf und das Leitwerk der Model 421 mit dem Tragflügel und dem Triebwerk der Model 401. Anfang 1974 hatte Cessna 762 Model 421 und 261 Model 414 gebaut.

Zweimotoriges Geschäftsflugzeug und Lufttaxi, in Produktion und Einsatz
Photo: Muster 414
Daten: Muster 421B Golden Eagle

Unterbringung: 6–8 Sitze
Antrieb durch: Zwei 375 PS Continental TSIO-520-D Kolbenmotoren mit Turboaufladung
Spannweite: 12,76 m
Länge: 11,00 m
Fluggewicht: 3379 kg
max. Reisegeschwindigkeit: 435 km/h
Reichweite: 1485–2760 km

Cessna 500 Citation — USA

Cessna gab im Oktober 1968 vorläufige Einzelheiten seiner ersten düsengetriebenen Konstruktion für den zivilen Markt bekannt. Das Muster erhielt damals die Bezeichnung Fanjet 500. Der Prototyp machte am 15. September 1969 seinen Erstflug. Zu diesem Zeitpunkt wurde der Name in Model 500 Citation geändert. Ein zweiter Prototyp schloß sich am 23. Januar 1970 dem Erprobungsprogramm an, und Produktionsauslieferungen begannen Ende September 1971, nach der Zulassung durch das FAR gemäß Pt 25 Normen. Über 130 Stück sind bis Anfang 1974 ausgeliefert worden, als der Monatsausstoß elf Flugzeuge erreicht hatte.

Geschäftsreisejet
in Produktion und Einsatz

Unterbringung: Besatzung 2 und bis zu 6 Passagiere
Antrieb durch: Zwei Pratt & Whitney JT15D-1 Turbofans mit 998 kg Standschub
Spannweite: 13,33 m
Länge: 13,26 m
Fluggewicht: 4990 kg
max. Reisegeschwindigkeit: 645 km/h in 7740 m Höhe
normale Reichweite: 2478 km

Dassault-Bréguet Falcon 10 (Mystère 10) Frankreich

Die Entwicklung der Mystère 10 wurde von Dassault erstmals im Juni 1969 angekündigt, als das Muster die Bezeichnung Minifalcon trug. Wie der Name sagte, war es eine verkleinerte Version der Mystère/Falcon 20 mit etwa 3/4 der Leistung und 2/3 des Gewichts. Der Erstflug des Prototyps fand am 1. Dezember 1970 statt mit General Electric CJ610-6 Triebwerken von 1369 kp Standschub, bis zur Verfügbarkeit der AiResearch Turbofans, die für die Serienmuster geplant waren und in den zweiten Prototyp eingebaut worden sind, der am 15. Oktober 1971 flog. Snecma/Turboméca Larzac Triebwerke können natürlich rechtzeitig als Alternativen angeboten werden. Die Falcon Jet Corporation übernimmt den Vertrieb der Falcon 10 in Nordamerika und erteilt einen ersten Auftrag für 40 Maschinen; Aufträge anderer Kunden kamen auf insgesamt 6 Flugzeuge bis Anfang 1974 bei 122 Optionen.

Geschätfsreisejet, in Produktion

Unterbringung: Besatzung 2, und 4–7 Passagiere
Antrieb durch: Zwei AiResearch TFE-731-2 Turbofans mit 1465 kp Standschub
Spannweite: 13,08 m
Länge: 13,69 m
Fluggewicht: 8300 kg
max. Reisegeschwindigkeit: 920 km/h
Reichweite: 3980 km mit 4 Passagieren (mit Reserven)

Dassault-Bréguet Falcon 20 (Mystère 20) Frankreich

Der Bau eines Prototyps des Geschäftsreisejets Mystère 20 wurde von Dassault im Jahre 1962 begonnen, und der Erstflug fand am 4. Mai 1963 statt mit Pratt & Whitney JT12A-8 Turbojet Triebwerken von 1500 kp Standschub; später ging man zu G.E. Turbofans über, und der Prototyp flog in dieser Form am 10. Juli 1964. Das Flugzeug ist in den USA als die Falcon bekannt. Der Standard-Falcon folgten die C, D, E und F Versionen, und die letzte davon hatte leistungsstärkere Triebwerke, größere Kraftstoffkapazitäten, neue Hochauftriebshilfen und andere Verbesserungen. Bis März 1974 kamen die Verkäufe auf insgesamt 318. Einige Spezialversionen wurden gebaut, darunter umrüstbare Frachtversionen, Baumuster zur Luftvermessung, Trainer für Flugzeugbesatzungen und Flugsysteme.

Geschäftsreisejet
in Produktion und Einsatz
Daten für: Falcon F

Unterbringung: Besatzung 2, und bis zu 14 Passagiere
Antrieb durch: Zwei General Electric CF700-2D-2 Turbofans mit 1960 kp Standschub
Spannweite: 16,30 m
Länge: 17,15 m
Fluggewicht: 13000 kg
Reisegeschwindigkeit: 750—860 km/h
max. Reichweite: 3570 km mit 725 kg Zuladung (mit Reserven)

De Havilland DHC-2 Beaver und Turbo-Beaver Kanada

Die Beaver war das erste der de Havilland Familie von STOL-Mehrzweckflugzeugen und machte im August 1947 ihren Erstflug. Sie wurde besonders im Hinblick auf die örtlichen kanadischen Forderungen nach einem robusten »Busch«-Flugzeug konstruiert. Sie fand jedoch einen breiten Markt in Übersee. Insgesamt wurden 1657 Maschinen des Musters Mk 1 gebaut mit 450 PS P&W R-985 Motoren, darunter 968 Stück für die US Army und USAF und 46 für die britische Armee. Eine einzelne Beaver MK II hatte einen Alvis Leonides Motor. Am 30. Dezember 1963 flog DHC den Prototyp Mk III Turbo-Beaver, der von einer PT6A Propellerturbine angetrieben wurde. Einige Exemplare wurden davon gebaut. Ein Garrett AiResearch TPE 331 Triebwerk wurde in eine Beaver in Neuseeland eingebaut, und das gleiche Triebwerk wird in dem Volpar 4000 Umbau verwendet.

Leichtes Mehrzweckflugzeug im Einsatz
Daten: DHC-2 Mk. III Turbo-Beaver
Photo: Beaver Mk I Skiflugzeug

Unterbringung: Pilot und bis zu 10 Passagieren
Antrieb durch: Eine Pratt & Whitney PT6A-6 oder -20 Propellerturbine mit 578 Wellen-PS
Spannweite: 14,64 m
Länge: 10,75 m
Fluggewicht: 2435 kg
Reisegeschwindigkeit: 225–250 km/h
Reichweite: 420–1090 km (mit Reserven)

De Havilland DHC-3 Otter — Kanada

Als die zweite Maschine in der Reihe der Mehrzweckflugzeuge von de Havilland machte die Otter am 12. Dezember 1951 ihren Erstflug, und sie stellte eine Vergrößerung der erfolgreichen Beaver dar. Ausileferungen begannen Ende 1952, und 450 Maschinen wurden gebaut, einschileßlich großer Stückzahlen für die US Army und die kanadische Luftwaffe. Die Otter kann wahlweise für Flüge von Land, Schnee oder Wasser aus mit entsprechenden Fahrgestellen ausgerüstet werden, und eine spätere Entwicklung war eine Amphibien-Version mit einziehbaren Rädern in den Standard-Edo Schwimmern.

Mehrzweckflugzeug, im Einsatz

Unterbringung: Pilot und bis zu zwei Passagiere
Antrieb durch: Einen 600 PS Pratt & Whitney R-1340-S1H1-G Kolbenmotor
Spannweite: 17,69 m
Länge: 12,80 m
Fluggewicht: 3629 kg
Reisegeschwindigkeit: 195–210 km/h
Reichweite: 1410 km mit 955 kg Zuladung

Oben: Airbus A 300B2 der Air France beim Start von Heathrow aus zum Rückflug beim ersten Linieneinsatz.

Unten: Eine Palme als Kennzeichen auf dem Leitwerk einer Hawker Siddeley 748 der Polynesian Air Lines bringt etwas vom Zauber der Südsee, wo dieses Flugzeug eingesetzt ist.

airways

Oben: Mit gut über 1000 ausgelieferten Flugzeugen ist die 727 von Boeing das meist verkaufte Düsenverkehrsflugzeug der Welt. Diese 727-224 wird von der Continental Air Lines in den USA geflogen.

Links: Concorde 02 bei der Wintererprobung in Fairbanks, Alaska.

Oben: Boeing 747-130 der Deutschen Lufthansa. Bis Juli 1974 wurden mit Boeing 747 annähernd 6 Millionen Passagiere in gut über 2 Millionen Flugstunden befördert.

Oben rechts: Prototyp des neuen Nahverkehrsflugzeuges Falcon 30/Mystère 40—100 mit zwei Turbofans von Dassault-Bréguet.

Rechts: Neuestes von der KLM (der ältesten Luftfahrtgesellschaft, die noch unter ihrem ursprünglichen Namen arbeitet) geflogenes Flugzeug ist die McDonnell Douglas DC-10 Series 30.

AVIONS MARCEL DASSAULT – BREGUET AVIATION
F-WAMD
FALCON 30

KLM
KLM
KLM

N86
FAA

Oben: Größtes Mitglied der Familie von Cessna-Flugzeugen, die in Frankreich von Reims Aviation montiert werden, ist die F-337 Skymaster mit Zug- und Druckpropeller.

Oben links: Die achtsitzige Gates Learjet 24D ist an den drei Fenstern an jeder Kabinenseite zu erkennen. Die zehnsitzige Learjet 25B und die 25D (für größere Reichweite) hat fünf Fenster an der Steuerbordseite.

Links: Das Geschäftsreiseflugzeug Sabre Series 40 von Rockwell mit den Kennzeichen der amerikanischen Federal Aviation Administration.

Umseitig: Berühmte Maschinen in der britischen Rothman Kunstflug-Staffel sind diese zweisitzigen S-2A Pitts Spezial, die normalerweise mit abgedecktem vorderen Cockpit geflogen werden.

ROTHMANS
ROTHMANS
ROTHMANS
ROTHMANS

De Havilland DHC-6 Twin Otter Kanada

Wie ihr Name vermuten läßt, wurde die Twin Otter von der einmotorigen Otter abgeleitet, wobei vieles vom Rumpf und dem Tragflächenaufbau beibehalten wurde, das neue Flugzeug jedoch zwei Propellerturbinen erhielt. Auf privater Grundlage entwickelt, flog die Twin Otter erstmals am 20. Mai 1966, und Auslieferungen begannen im Juli 1966. Die erste Series 100 Serienversion (115 gebaut) mit PT6A-20 Triebwerken von 579 Wellen-PS wurde von der Series 200 (5 gebaut) abgelöst, dieses Muster hatte einen verlängerten Rumpfbug und höhere Fluggewichte. Ihm folgte wiederum die Series 300. Neue Merkmale der späteren Series 300 waren Tragflächen-Spoiler. Mehr als 300 Twin Otter wurden für den zivilen und militärischen Einsatz gebaut.

Leichtes STOL-Flugzeug für allgemeine Transportaufgaben
In Produktion und Einsatz
Photo und Daten: Baureihe 300

Unterbringung: 1 oder 2 Piloten und bis zu 20 Passagiere
Antrieb durch: Zwei Pratt & Whitney PT6A-27 Propellerturbinen mit 652 Wellen-PS
Spannweite: 19,81 m
Länge: 15,77 m
Fluggewicht: 5670 kg
max. Reisegeschwindigkeit: 340 km/h in 3050 m Höhe
Reichweite: 1280 km bei 340 km/h

Dornier Do 27 — Deutschland

Die Do 27 von Dornier, eine Weiterentwicklung der nach den Konstruktionsplänen von Dornier in Spanien gebauten Do 25, war das erste in Deutschland nach dem 2. Weltkrieg produzierte Flugzeug einheimischer Konstruktion. Der von CASA in Spanien gebaute Prototyp flog am 27. Juni 1955, ihm folgte das erste Exemplar deutschen Ursprungs am 17. Oktober 1956. Insgesamt wurden 620 Stück gebaut, von denen 478 für die deutsche bzw. spanische Luftwaffe bestimmt waren. (Die Maschinen für die letztere wurden in Spanien gebaut). Die Prototypen wurden mit Schwimmern und einer Astazou Propellerturbine geflogen.

Leichtes Mehrzweckflugzeug
im Einsatz
Daten für: Do 27A-4

Unterbringung: 2 Piloten und bis zu 6 Passagiere
Antrieb durch: Einen 270 PS Lycoming GO-480-B Kolbenmotor
Spannweite: 12,00 m
Länge: 9,60 m
Fluggewicht: 1850 kg
Reisegeschwindigkeit: 175–210 km/h
max. Reichweite: 1100 km ohne Reserven

Dornier Do 28 — Deutschland

Von der Do 27 abgeleitet, hatte die Do 28 effektiv den gleichen Rumpf und eine vergrößerte Version der gleichen Tragfläche. Die beiden Motoren werden von Stummelflügeln getragen. Der Prototyp flog am 29. April 1959 mit einem Standard-Tragflügel der Do 27 und angetrieben von 180 PS Lycoming 0-360 Motoren. Das erste Serienmuster war die Do 28A-1 mit 250 PS 0-540 Motoren; 60 Maschinen wurden gebaut. Erstmals im April 1963 geflogen, hat die Do 28B-1 mehr Leistung, ein größeres Höhenleitwerk, höhere Fluggewichte und weitere Änderungen. Ebenfalls 60 wurden gebaut, von denen sechs in die Do 28B-1-S Wasserflugzeug-Konfiguration durch die Jobmaster Company für den Einsatz in Kanada umgebaut wurden. Sie foglten einem Do 28A-1-S Prototyp.

Mehrzweckflugzeug, im Einsatz
Daten für: Do 28B-1

Unterbringung: Pilot und bis zu 7 Passagiere
Antrieb durch: Zwei 290 PS Lycoming IO-540-A Kolbenmotoren
Spannweite: 13,80 m
Länge: 9,00 m
Fluggewicht: 2720 kg
Reisegeschwindigkeit: 240–275 km/h
normale Reichweite: 1235 km mit max. Zuladung (ohne Reserven)

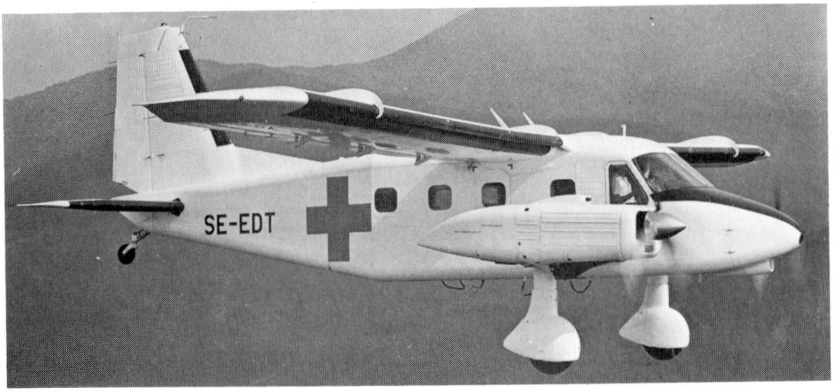

Dornier Do 28 D-1 und D-2 Skyservant Deutschland

Trotz ihrer Bezeichnung übernimmt die Skyservant nur die Basis-Konfiguration der vorhergehenden Do 28. Der Tragflügel ist gleich, hat jedoch eine größere Spannweite. Der neue Rumpf ist viel länger, hat einen größeren Querschnitt als der Do 28-Rumpf und besitzt eine breitere Ladetür. Mit finanzieller Unterstützung der deutschen Regierung entwickelt, flog der Prototyp zum erstenmal am 23. Februar 1966, und die Zulassung wurde im Februar 1967 erteilt. Nach der Auslieferung der sieben ersten Serienflugzeuge mit der Bezeichnung Do 28 D wurde die Fertigung auf D-1 umgestellt mit einer kleinen Vergrößerung der Spannweite und anderen Verfeinerungen, und schließlich auf die weiterentwickelte Do 28 D-2. Auslieferungen der zivilen und militärischen Versionen wurden in 25 Ländern getätigt.

STOL-Mehrzweckflugzeug
in Produktion und Einsatz
Daten für: Do 28D-2

Unterbringung: Pilot und bis zu 14 Passagiere
Antrieb durch: Zwei 380 PS Lycoming IGSO-540-A1E Kolbenmotoren
Spannweite: 15,55 m
Länge: 11,41 m
Fluggewicht: 3842 kg
Reisegeschwindigkeit: 240–275 km/h
max. Reichweite: 2020 km ohne Reserven

Embraer EMB-110 Bandeirante **Brasilien**

Die Bandeirante ist eines von zwei im eigenen Lande konstruierten Flugzeugen, die in dem Werk Embraer, das 1969 als privatstaatliches Gemeinschaftsunternehmen gegründet wurde, in Produktion sind. Sie entspricht einer offiziellen Ausschreibung für ein leichtes Mehrzwecktransportflugzeug und wird sowohl für die brasilianische Luftwaffe als auch für inländische Fluggesellschaften und Firmen gebaut; Transbrasil besitzt 9 und die VASP 10 Maschinen. Eine druckbelüftete Version mit kreisrundem Rumpfquerschnitt ist als EMB-120 in der Entwicklung, und ein Langzeitprojekt bringt zur eventuellen Weiterentwicklung einer düsengetriebenen Version die EMB-10 mit neuen gepfeilten Flügeln.

Kurzstrecken-Zubringerflugzeug
in Produktion und Einsatz

Unterbringung: Besatzung 2, und 15 Passagiere
Antrieb durch: Zwei Pratt & Whitney (UACL) PT6A-27 Propellerturbinen mit 680 Wellen-PS
Spannweite: 15,32 m
Länge: 14,23 m
Fluggewicht: 5300 kg
Reisegeschwindigkeit: 430 km/h
Reichweite: 2075 km mit max. Kraftstoff

Evangel 4500-300 **USA**

Speziell für Arbeitsflüge in unterentwickelten Gebieten konstruiert, hat die Evangel 4500-300 eine Flugleistung, die ihre robuste, kastenartige äußere Erscheinung Lügen straft. Insbesondere kann sie mit voller Beladung in nur 150 m starten und in 145 m landen. Die Konstruktion wurde im Jahre 1962 begonnen, und der Prototyp flog zum erstenmal im Juni 1964. Wenig wurde über die Evangel gehört, bis das erste Serienmuster im Januar 1969 geflogen war, aber die Zulassung folgte nur 18 Monate später, und sieben Evangel Serienmuster waren bis Februar 1974 fertiggestellt. Die Evangel Flugzeugwerke planen die Aufstockung der Produktion auf 3 Flugzeuge pro Monat bis November 1974, und die Erweiterung der Anwendungsbreite des Flugzeugs durch Zulassung auf Schwimmern und Skiern; eine aufgeladene Version ist bereits in der Erprobung.

Leichtes Passagier-/Frachtflugzeug
in Produktion und Einsatz

Unterbringung: Pilot und 8 Passagiere
Antrieb durch: Zwei 300 PS Lycoming IO-540-K1B5 Kolbenmotoren
Spannweite: 12,52 m
Länge: 9,60 m
Fluggewicht: 2495 kg
Reisegeschwindigkeit: 275–295 km/h
max. Reichweite: 1025–1200 km

Ford Tri-Motor/Bushmaster 2000 USA

Einige Exemplare der ehrwürdigen Ford Tri-Motor fliegen immer noch, sowohl in der 4-AT als auch in der größeren 5-AT Version. Nach dem 2. Weltkrieg hinterlegte der inzwischen verstorbene Bill Stout, der für die ursprüngliche Tri-Motor Konstruktion verantwortlich war, einen Plan mit dem Ziel, eine überarbeitete Version wieder in die Produktion zu nehmen. Dieser Plan ging Ende 1966 in Erfüllung, als die Aircraft Hydro-Forming Inc. einen Prototyp der Bushmaster 2000 fertigstellte, deren technische Einzelheiten oben erscheinen. Die normale Bestuhlung ist für 15 Passagiere, jedoch können bei hochdichter Auslegung 23 untergebracht werden. Die Bushmaster kann auch für den Frachttransport, für Feuerlöscheinsätze oder als Landwirtschaftsflugzeug verwendet werden.

Mehrzweckflugzeug
in Produktion und Einsatz
Daten: Bushmaster 200
Photo: Tri-Motor

Unterbringung: Besatzung 1–2, und bis zu 23 Passagiere
Antrieb durch: Drei 450 PS Pratt & Whitney R-985-AN-1 oder 14B Kolbenmotoren
Spannweite: 23,75 m
Länge: 15,44 m
Fluggewicht: 5670 kg
Höchstgeschwindigkeit: 205 km/h
max. Reichweite: 1125 km

Gates Learjet Models 23, 23 und 25 — USA

Die Learjet ist eins der kleinsten und schnellsten der modernen Geschäftsreisejets. Der Prototyp wurde zuerst am 7. Oktober 1963 geflogen, und Auslieferungen begannen im Oktober 1964. Insgesamt 104 der ursprünglichen Model 23 wurden gebaut, bevor eine Umstellung auf die Model 24 gemacht wurde, mit Modifikationen, die Teil 25 der Federal Air Regulations genügen sollten. Die Model 24 machte am 24. Februar 1966 ihren Erstflug und 80 Exemplare wurden gebaut. Im Jahre 1968 schritt das Werk weiter zur Model 24B mit -6 Triebwerken, welche die schwächeren -4 ersetzten sowie einem höheren Fluggewicht. Dieser Version folgte 1970 die 24D, mit größerer Reichweite, die einfach durch das Fehlen der kugelförmigen Verkleidung am Schnittpunkt von Höhen- und Seitenleitwerk erkennbar ist.
Die Model 25, welche zur Unterbringung von acht Passagieren um 1,27 m verlängert ist, flog zum erstenmal am 12. August 1963. Derzeitige Versionen sind die verbesserte Learjet 25B und die Model 25C mit zusätzlichem Kraftstoff. Bis Anfang 1974 wurden mehr als 400 Learjet 23, 24 und 25 ausgeliefert.

Zweitsrahliges Geschäftsflugzeug
in Produktion und Einsatz
Photo und Daten: Muster 24D

Unterbringung: Zwei Piloten und bis zu 6 Passagiere
Antrieb durch: Zwei Strahltriebwerke Typ General Electric CJ610-6 mit 1340 kp Standschub
Spannweite: 10,84 m
Länge: 13,18 m
Fluggewicht: 6124 kg
Reisegeschwindigkeit: 775–860 km/h
max. Reichweite: 2600 km mit Reserven

Gates Learjet Models 35 und 36 USA

Die auf der Pariser Luftfahrtschau 1973 vorgestellten Learjet 35 und 36 unterscheiden sich nur durch ihr Verhältnis Zuladung/ Reichweite. Die Model 35 befördert sieben Passagiere in ihrer Hauptkabine, dazu kommt ein achter auf dem Flugdeck, wenn die Maschine von einem einzigen Piloten geflogen wird. Die Model 36 befördert nur fünf Passagiere in ihrer Kabine, hat jedoch eine erhöhte Kraftstoffkapazität zur Erweiterung ihrer größten Reichweite auf 5826 km. Beide Flugzeuge stellen etwas »gestreckte« Versionen der Learjet Basiszelle dar. Die Umstellung auf Turbofans ermöglicht es ihnen, sowohl ein besseres Verhältnis von Zuladung/Reichweite als auch geringere Geräuschpegel anzubieten. Ihren Erstflug mit TFE 731 Triebwerken machte am 4. Januar 1973 eine modifizierte Learjet 25, ihr folgte am 22. August 1973 der Model 35 Prototyp. Auslieferungen begannen im Sommer 1974.

Zweistrahliges Geschäftsflugzeug
in Produktion und Einsatz
Photo und Daten: Muster 35

Unterbringung: Zwei Piloten und bis zu 7 Passagiere
Antrieb durch: Zwei Garrett AiResearch TFE 731-2 Turbofans mit 1599 kp Standschub
Spannweite: 12,09 m
Länge: 14,83 m
Fluggewicht: 7711 kg
max. Reisegeschwindigkeit: 650 km/h
max. Reichweite: 4875 km

Government Aircraft Factories Nomad Australien

Dieses leichte STOL-Transportflugzeug ist seit 1965 in der Entwicklung, damals begann das Hauptbüro der GAF in Fishermen's Bend Entwurfsstudien für ein einmotoriges Turboprop-Mehrzweckflugzeug. Bei der Aufstellung der Anforderungen der australischen Streitkräfte erfolgte die Umstellung zu einer zweimotorigen Konfiguration mit der Betonung auf STOL-Eigenschaften in vorgeschobenen militärischen Bereichen. Der erste von zwei mit Regierungsmitteln produzierten Prototypen flog am 23. Juli 1971 und der zweite am 5. Dezember. Die grundlegende N22 Serien-Version für militärische und zivile Verwendung entspricht den Prototypen, obschon die militärische Version eine Panzerung, selbstabdichtende Kraftstofftanks und äußere Bordwaffen besitzt. Ein ziviles Muster mit höherer Kapazität ist als N24 projektiert. Die Fertigung von zunächst 70 Nomad wurde von der australischen Regierung verfügt.

STOL-Mehrzweckflugzeug mit zwei Propellerturbinen, in Produktion
Photo und Daten: N22

Unterbringung: Besatzung 1 oder 2, und 12 Passagiere
Antrieb durch: Zwei Allison 250-B17 Propellerturbinen mit 400 Wellen-PS
Spannweite: 16,46 m
Länge: 12,56 m
Fluggewicht: 3855 kg
normale Reisegeschwindigkeit: 310 km/h
max. Reichweite: 1585 km mit Reserven

Grumman (und McKinnon) Goose **USA**

Die Grumman G-21 flog erstmals im Juni 1937, und um den Bestellungen ziviler Benutzer zu entsprechen, wurde die Produktion in Gang gesetzt. Die Mehrzahl der über 250 gebauten Maschinen war jedoch für militärische Verwendung im 2. Weltkrieg, obwohl viele davon später wieder auf den zivilen Markt kamen. McKinnon Enterprises arbeitete unmittelbar nach dem Kriege ein Umbausystem für die Goose aus, in dem 340 PS Lycoming GS0-480 Motoren die ursprünglichen zwei 450 PS R-985 Wasp Triebwerke ersetzten, und viele weiteren Änderungen wurden zur Verbesserung der Flugleistung der Goose und ihrer Eignung als Geschäftsflugzeug vorgenommen. 1966 flog McKinnon den Prototyp einer weiteren verfeinerten Umbauversion mit PT6A Propellerturbinen. Diese Umbau-Möglichkeit steht Eignern von Goose-Amphibien zur Verfügung, derzeitige Versionen sind die G-21 C mit kurzem Bug und die gestreckte G-21 G (Daten siehe unten) mit weiteren Verbesserungen von Komfort und Flugleistung.

Leichtes Amphibien-Transportflugzeug im Einsatz
Daten: G-21G Turbo-Goose

Unterbringung: Pilot und bis zu 11 Passagiere
Antrieb durch: Zwei United Aircraft of Canada PT6A-27 Propellerturbinen mit 680 Wellen-PS
Spannweite: 15,49 m
Länge: 12,07 m
Fluggewicht: 5670 kg
Höchstgeschwindigkeit: 390 km/h
max. Reichweite: 2575 km

Grumman (und Frakes) Mallard — USA

Grumman kam nach dem 2. Weltkrieg mit diesem Amphibien-Transportflugzeug in der Tradition der Goose und Widgeon wieder auf den zivilen Markt. Der Erstflug des G-73 Prototyps fand 1946 statt, und die Auslieferungen begannen im Jahre 1947. Die Produktion kam auf insgesamt 61 Stück; etwa $^{1}/_{3}$ dieser Maschinen werden noch immer geflogen. 1969 rüstete die Frakes Aviation of Angwin, Kalifornien, eine Mallard mit zwei Propellerturbinen PT6A-27 der United Aircraft of Canada von 715 Wellen-PS um und erhöhte die Kraftstoffkapazität auf 1816 Liter. Als die Turbo-Mallard hat dieses Flugzeug ein Fluggewicht von 6350 kg und eine Marschgeschwindigkeit von 346 km/h, mit verbesserter Start- und Steigleistung.

Leichtes Amphibien-Transportflugzeug, im Einsatz
Photo: Frakes Mallard
Daten: Grumman Mallard

Unterbringung: Besatzung 2 und 10 Passagiere
Antrieb durch: Zwei 600 PS Pratt & Whitney R-1340-S3H1 Kolbenmotoren
Spannweite: 20,32 m
Länge: 14,73 m
Fluggewicht: 5783 kg
Reisegeschwindigkeit: 290 km/h in 2440 m Höhe
Reichweite: 1175–2220 km

Grumman (und Mc Kinnon) Widgeon USA

Erstmals im Jahre 1940 produziert, war die G-44 das zweite leichte von Grumman konstruierte Amphibien-Flugzeug gleicher Konfiguration, und es war noch etwas kleiner als die Goose. Über 200 Stück wurden gebaut, darunter 176 für die US Navy und Air Force, und kurz nach dem Kriege baute SCAN in Frankreich 40 Maschinen. Die meisten der zuletzt genannten wurden später mit 300 PS Lycoming R-680 anstelle der ursprünglichen Ranger L-440 Motoren umgerüstet, während McKinnon Enterprises den Umbau der von Grumman gebauten G-44 als Super Widgeon ausarbeitete, ebenfalls mit Lycoming Motoren und wahlweise einziehbaren Schwimmern an den Flügelenden. Mehr als 70 Widgeon wurden in Super Widgeon umgebaut.

Leichtes Amphibien-Transportflugzeug, im Einsatz
Photo: Grumman Widgeon
Daten für: Super Widgeon

Unterbringung: 2 Piloten und 3 oder 4 Passagiere
Antrieb durch: Zwei 270 PS Lycoming GO-480-B1D Kolbenmotoren
Spannweite: 12,19 m
Länge: 9,47 m
Fluggewicht: 2500 kg
Reisegeschwindigkeit: 280–290 km/h
max. Reichweite: 1600 km mit Reserven

Grumman Gulfstream I **USA**

Die Gulfstream wurde als erstes der größeren Langstrecken-Geschäftsflugzeuge entwickelt, das den Vorteil der Propellerturbine nutzte. In jeder Hinsicht ein »Baby Airliner«, mit dem Komfort und der Flugleistung, die man auf Linienflügen hat, war die Gulfstream primär für den US-Inlandsmarkt vorgesehen, wo sie bereitwillige Aufnahme fand. Der Erstflug fand am 14. August 1958 statt, und die Zulassung wurde im folgenden Jahr zugeteilt. Die Produktion lief Anfang 1969 aus, nachdem das 200ste Flugzeug abgeliefert worden war; im gesamten Produktionsverlauf wurden keine wesentlichen Änderungen der Konfiguration bzw. Spezifikation vorgenommen.

Geschäftsflugzeug, im Einsatz

Unterbringung: Besatzung 2, und 10–14 Passagiere
Antrieb durch: Zwei Rolls-Royce Dart 529-8X Propellerturbinen mit 2210 Wellen-PS
Spannweite: 23,88 m
Länge: 19,43 m
Fluggewicht: 16330 kg
Reisegeschwindigkeit: 575 km/h
max. Reichweite: 4410 km

Grumman Gulfstream II — USA

Obwohl ihre Bezeichnung die Kontinuität zur Gulfstream I betonen sollte, ist die Gulfstream II in Wirklichkeit eine vollkommen neue Konstruktion und nicht eben eine Strahltriebwerks-Version des früheren Geschäftsreiseflugzeuges. In der allgemeinen Konfiguration ähnelt sie den von anderen Herstellern in den USA, Großbritannien, Italien und anderen Ländern gebauten Geschäftsreisejets, sie liegt jedoch in einem anderen Größen- und Leistungsbereich, vergleichbar mit dem der Fokker F.28. Der Rumpf wurde für nur 19 Sitze optimal ausgelegt, und die Gulfstream hat infolgedessen eine viel größere Reichweite als die vieler Verkehrsflugzeuge gleicher Größe. Non-stop Interkontinentalflüge sind mit dieser Maschine möglich. Die erste Gulfstream II flog am 2. Oktober 1966, und 141 Serienflugzeuge wurden bis Anfang 1974 ausgeliefert. Vom 83. Flugzeuge an wurden Gewicht und Kraftstoffkapazität erhöht, (Abfluggewicht von 27000 kg oder 28122 kg anstelle der früheren 26080 kg).

Zweistrahliges Geschäftsflugzeug in Produktion und Einsatz

Unterbringung: Besatzung 2 oder 3, und bis zu 19 Passagiere
Antrieb durch: Zwei Rolls-Royce Spey Mk 511-8 Turbofans mit 5171 kp Standschub
Spannweite: 20,98 m
Länge: 24,36
Fluggewicht: 28122 kg
max. Reisegeschwindigkeit: 946 km/h
max. Reichweite: 6255 km bei 805 km/h

Hawker Siddeley (D.H.104) Dove und Riley Turbo-Exec 400 — Großbritannien/USA

Die Dove war das erste zivile Verkehrsflugzeug, das nach dem 2. Weltkrieg am 25. September 1945 in Großbritannien fliegen sollte; die Produktion kam zuletzt auf insgesamt 540 Stück, meist für den Export. Die erste Serienversion hatte 340 PS Gipsy Queen 7-3 (Dove 1 und 2) oder Gipsy Queen 70-4 (Dove 1B und 2B) Motoren und ein Fluggewicht von 3855 kg. Dove 5 und 6 Geschäftsflugzeugversionen haben 380 PS Gipsy Queen 70 Mk 2 Motoren und ein Gewicht von 3991 kg. Dove 7 und 8 haben Ejektor-Auspuffanlagen, eine Kanzel nach Art der Heron und Linienflugzeug- bzw. Geschäftsreiseflugzeug-Innenausstattungen. Unter dem Namen Dove Custom 600 wurde das Geschäftsreiseflugzeug 8A für den US-Markt gebaut. Zu den US Versionen gehört die Riley Turbo-Exec 400 mit 400 PS Lycoming IO-720 Motoren und weiteren Verbesserungen, darunter ein wahlweise gepfeiltes Seitenleitwerk, sowie der Carstedt Jet Liner 600 mit AiResearch TPE 331 Propellerturbinen von 605 Wellen-PS und einem längeren Rumpf für 18 Passagiersitze.

Leichtes zweimotoriges Verkehrs- und Geschäftsreiseflugzeug, im Einsatz
Daten für: Dove 8

Unterbringung: Besatzung 2, und 8–11 Passagiere
Antrieb durch: Zwei 400 PS Gipsy Queen 70 Mk 3 Kolbenmotoren
Spannweite: 17,37 m
Länge: 11,96 m
Fluggewicht: 4060 kg
Reisegeschwindigkeit: 300–340 km/h
Reichweite: 1415 km bei 300 km/h mit Reserven

Hawker Siddeley (D.H.114) Heron Großbritannien/USA und Riley Turbo Skyliner

Die Heron wurde als viermotoriger Partner der Dove mit größerer Sitzkapazität entwickelt; mehr als 140 Exemplare wurden insgesamt für den Zubringerdienst, den lokalen Flugdienst und die Geschäftsfliegerei gebaut. Die Heron 1, deren Prototyp (G-ALZL) am 10. Mai 1950 flog, hat ein festes Dreibein-Fahrgestell. Die Heron 2 (Prototyp G-AMTS am 14. Dezember 1952 geflogen) hat ein einziehbares Fahrwerk und kann auf Wunsch mit Verstellpropellern ausgerüstet werden. Letzte Serienversionen beider Baureihen trugen den Zusatzbuchstaben »B«. Die Kennbuchstaben »C« und »D« wiesen auf besonders ausgestattete Geschäftsflugzeugmuster hin. Zu den Umbauten gehören die US Riley Turbo Skyliner, die mit vier aufgeladenen 290 PS Lycoming Motoren ausgerüstet ist, die ihr eine Höchstgeschwindigkeit von 459 km/h verleihen, und die Turboprop Saunders ST-27 (siehe Seite 98).

Kurzstrecken-Verkehrsflugzeug
im Einsatz
Daten für: Heron 2
Photo: Heron 2D

Unterbringung: Besatzung 2, und 14–17 Passagiere
Antrieb durch: Vier 250 PS Gipsy Queen 30 Mk 2 Kolbenmotoren
Spannweite: 21,79 m
Länge: 14,78 m
Fluggewicht: 6123 kg
Reisegeschwindigkeit: 295–305 km/h
Reichweite: 1900 km mit 950 kg Zuladung

Hawker Siddeley/Beechcraft Hawker 125 — Großbritannien

Der Prototyp dieses leichten strahlgetriebenen Geschäftreiseflugzeugs flog zum erstenmal am 13. August 1962 und ihm folgten eine Anzahl Varianten des 6/12sitzigen H.S.125 Grundtyps, jeweils in »A« und »B« Version für Amerika und sonstige Länder. Die Reihe 3A-RA und 3B-RA waren die ersten Maschinen mit zusätzlichem Kraftstoff in einer Verkleidung der hinteren Rumpfunterseite. Sie wurden ab Zelle Nr. 173 von der Series 400 abgelöst mit dem gleichen Langstreckentank, Viper 522 Triebwerken von 1524 kg Standschub, einer Anzahl von Verbesserungen wie nicht sichtbaren Antennen und höheren Fluggewichten. Derzeitiges Serienmodell ist die Series 600, die am 21. Januar 1971 zuerst geflogen wurde. Diese hat leistungsstärkere Triebwerke, einen zur Unterbringung von zwei weiteren Passagieren verlängerten Rumpf und weitere Verbesserungen. Die Verkäufe aller Versionen machten Anfang 1974 insgesamt 343 Stück aus, darunter von Beach in den USA als Beechcraft Hawker 125 vertriebene Flugzeuge.

Geschäftsreisejet
in Produktion und Einsatz
Photo und Daten: Baureihe 600

Unterbringung: Besatzung 2, und 8–14 Passagiere
Antrieb durch: Zwei Stahltriebwerke vom Typ Rolls-Royce Bristol Viper 601-22 mit 1701 kp Standschub
Spannweite: 14,33 m
Länge: 15,39 m
Fluggewicht: 11340 kg
Reisegeschwindigkeit: 745–835 km/h
Reichweite: 2890 km mit max. Zuladung (mit Reserven)

Helio Courier und Super Courier — USA

Die Helio Aircraft Corporation wurde zur Entwicklung und zum Vertrieb eines Leichtflugzeuges mit STOL-Eigenschaften und über dem Durchschnitt liegender Flugsicherheit gegründet. Nach Flugversuchen mit einer umgebauten Piper Vagabond produzierte das Werk den Courier Prototyp, der über die gesamte Spannweite verteilte Schlitzflügel und Hochauftriebsklappen aufwies. Mehr als 450 einmotorige Courier sind für zivile Verwendung verkauft worden. Dazu kommen weitere Maschinen für die USAF. Derzeitige Serienversion ist die H-295 Super Courier.

STOL Mehrzweckflugzeug,
in Produktion und Einsatz
Photo und Daten:
H-295 Super Courier

Unterbringung: 6 Sitze
Antrieb durch: Einen 295 PS Lycoming GO-480-G1D6 Kolbenmotor
Spannweite: 11,89 m
Länge: 9,45 m
Fluggewicht: 1542 kg
Reisegeschwindigkeit: 240–265 km/h
Reichweite: 1060–2220 km

Israel Aircraft Industries 1123 Westwind — Israel

Die Firma Aero Commander in den USA flog den Prototyp ihres Model 1101 Jet Commander Geschäftsreiseflugzeugs am 27. Januar 1963. Der zweite Prototyp mit längerem Rumpf und höheren Gewichten flog am 14. April 1964; Auslieferungen der auf dem gleichen Niveau befindlichen Serienflugzeuge begannen im Januar 1965. Als die Rockwell Aero Commander Gruppe mit North American fusionierte, wurde das gesamte Programm an die Israel Aircraft Industries verkauft, die das Flugzeug in »Commodore Jet« umbenannte, und die Entwicklung »gestreckter« und verbesserter Muster begann. Insgesamt wurden 150 Jet Commander und Commodore Jet in drei Mustern, die 1121, 1121 A und 1121B gebaut. Sie wurden abgelöst von der 1123 Westwind (beschrieben und abgebildet) mit leistungsstärkeren Triebwerken, Flügelzusatztanks, verlängertem Rumpf und anderen Verbesserungen. Die Gesamtzahl der Auslieferungen bis 1974 beträgt 25 Stück.

Zweistrahliges Geschäftsflugzeug
in Produktion und Einsatz

Unterbringung: 1 oder 2 Piloten, und bis zu 10 Passagiere
Antrieb durch: Zwei Strahltriebwerke vom Typ General Electric CJ610-9 mit 1406 kp Standschub
Spannweite: 13,65 m
Länge: 15,93 m
Fluggewicht: 9389 kg
Reisegeschwindigkeit: 675–870 km/h
Reichweite: 2575 km mit max. Zuladung bei 12500 m Höhe und Reserven

L-200 Morava CSSR

Zuerst am 8. April 1957 geflogen, wurde die Morava als Nachfolger der Aero 145 entwickelt, und wie dieser in größerer Anzahl an die Sowjetunion zur Verwendung als Lufttaxi verkauft. Die ursprüngliche L-200 hatte 160 PSWalter Minor 6-III Motoren. Die M337 Motoren wurden in die L-200 A eingebaut, und Dreiblattverstell-Propeller und andere Verfeinerungen kennzeichneten die L-200D. Mehr als 100 Exemplare der L-200 wurden gebaut.

Leichtes Geschäftsflugzeug
Daten: L-200D

Unterbringung: 4–5 Sitze
Antrieb durch Zwei 210 PS M337 Kolbenmotoren
Spannweite: 12,31 m
Länge: 8,61 m
Fluggewicht: 1950 kg
normale Reisegeschwindigkeit: 255 km/h in 2500 m Höhe
max. Reichweite: 1710 km

Let L-410A Turbolet CSSR

Dieses zweimotorige leichte Verkehrsflugzeug ist das neueste Erzeugnis der Staatlichen Let Flugzeugwerke in Kunovice. Die Konstruktion begann im Jahre 1966 mit dem Ziel, ein Flugzeug zu bauen, das von Graspisten aus starten konnte. Der Prototyp der L-410 flog zum erstenmal am 16. April 1966 mit PT6A-27 Propellerturbinen, die zur Standardausrüstung der Serien L-410A gehören, obwohl man hofft, schließlich doch tschechische M-601 als Alternative anbieten zu können. Auslieferungen begannen im September 1971, zuerst an die Slov-Air, eine neu gebildete innertschechische Luftfahrtgesellschaft. Andere Maschinen wurden an die Aeroflot zur Erprobung geliefert.

Leichtes Passagier-/Frachtflugzeug mit zwei Propellerturbinen, in Produktion und Einsatz

Unterbringung: Besatzung 1–2, und 15–19 Passagiere
Antrieb durch: Zwei United Aircraft of Canada PT6A-27 Propellerturbinen mit 715 Wellen-PS
Spannweite: 17,48 m
Länge: 13,61 m
Fluggewicht: 5400 kg
Reisegeschwindigkeit: 365–380 km/h in 3050 m Höhe
Reichweite: 200–1300 km mit Reserven

Lockheed JetStar und JetStar II — USA

Lockheed entwickelt die JetStar als private Unternehmung, um den Forderungen der USAF nach einem Mehrzweckdüsentransportflugzeug zu entsprechen, und flog zwei Prototypen, die jeweils von zwei Bristol Siddeley Orpheus Turbojets angetrieben wurden. Der erste Flug fand am 4. September 1957 statt. Serienmuster wurden auf vier JT12A umgestellt, anfangs in der 1088 kp Standschub -6 Version. 16 Stück wurden an die USAF verkauft und mehr als 160 sind für Firmen und Privatbenutzer bis Januar 1973 gebaut worden. Seit Mitte 1966 ist die -8 Version in der Serienfertigung, mit leistungsstärkeren Triebwerken und anderen Änderungen.

In der Entwicklung ist die JetStar II mit vier Garrett-Ai Research TFE 731-3 Turbofan-Triebwerken von 1678 kp Standschub. Diese ermöglichen ein erhöhtes Fluggewicht von 19844 kg und bieten eine maximale Reichweite von 5135 km sowie einen niedrigeren Geräuschpegel. JetStar II Auslieferungen waren für Anfang 1975 geplant.

Zweistrahliges Geschäftsreiseflugzeug, in Produktion und Einsatz
Photo und Daten: -8 JetStar

Unterbringung: Besatzung 2, und bis zu 10 Passagiere
Antrieb durch: Vier Strahltriebwerke vom Typ Pratt & Whitney JT12A-8 mit 1497 kp Standschub
Spannweite: 16,60 m
Länge: 18,42 m
Fluggewicht: 19051 kg
Reisegeschwindigkeit: 815–920 km/h
Reichweite: 3410–3595 km mit Reserven

Messerschmitt-Bölkow-Blohm HFB 320 Hansa — Deutschland

Die Entwicklung der Hansa begann im Jahre 1961 als das erste eigene Produkt des wiedererstandenen Blohm & Voss Konzerns in Hamburg. Die Firma erhielt die Bezeichnung Hamburger Flugzeugbau und das neue Flugzeug den Namen HFB 320. Es machte am 21. April 1964 seinen Erstflug. Obwohl sie wie andere Geschäftsreisejets die typische Triebwerkanordnung am hinteren Rumpf hat, zeichnet sich die HFB 320 durch ihre nach vorn gepfeilten Flügel aus, einer Auslegung, die früher bei der Ju 287 vom Konstrukteur der Hansa, Richard Voigt, im Kriege benutzt wurde. Die Zulassung der Hansa erfolgte 1967, und die erste zivile Auslieferung wurde am 26. September des Jahres gemacht. Zu den Benutzern der Hansa gehört die Dutch Training School in Eelde. Die ersten 15 Hansa hatten CJ610-1 Triebwerke, und die nächsten 20 hatten CJ610-5. Spätere Flugzeuge haben -9 wie oben angegeben. Die Produktion umfaßte 50 Maschinen, davon viele für den Einsatz in der Bundesluftwaffe.

Zweistrahliges leichtes Verkehrs- und Geschäftsreiseflugzeug, im Einsatz

Unterbringung: Besatzung 2, und bis zu 12 Passagiere
Antrieb durch: Zwei Strahltriebwerke vom Typ General Electric CJ610-9 mit 1406 kp Standschub
Spannweite: 14,49 m
Länge: 16,61 m
Fluggewicht: 9200 kg
Reisegeschwindigkeit: 675–825 km/h
Reichweite: 2370 km mit 6 Passagieren (mit Reserven)

Mitsubishi MU-2 — Japan

Die Firma Mitsubishi begann im September 1959 mit den Entwurfsstudien für ein kleines zweimotoriges Geschäftsreiseflugzeug. Die Entscheidung, vier Prototypen zu bauen, wurde im April 1962 gefällt, und die erste dieser mit Astazou Triebwerken ausgerüsteten Maschinen flog am 14. September 1963. Zwei weitere mit französischen Triebwerken versehene Flugzeuge folgten als MU-2A; die MU2B wurde auf TPE 331 Triebwerke umgestellt, und die erste folgt am 11. März 1965. Die Produktion kam insgesamt auf 34 Stück, wovon 28 für den US Markt bestimmt waren, wo sie von der Mooney Aircraft Inc. verkauft wurden. Die MU-2D (18 gebaut) hatte Integraltanks sowie höhere Fluggewichte, und die MU-2F (95 gebaut) leistungsstärkere Triebwerke und größere Tanks an den Flügelspitzen. Am 10. Januar 1969 flog Mitsubishi den Prototyp MU-2G, der sich von der 7/9sitzigen MU-2F hauptsächlich durch die Streckung von 1,90 m und äußeren Verkleidungen des Rumpfes zur Unterbringung des Hauptfahrwerkes unterschied. Die MU-2J hatte denselben langen Rumpf mit leistungsstärkeren Triebwerken. Die MU-2K ist eine F-Version mit denselben Triebwerken und wurde mit einer größten Reisegeschwindigkeit von 584 km/h die Hochleistungsausführung. Aufträge für alle Versionen kamen zusammen bis Anfang 1974 auf 333 Stück.

Flugzeug für allgemeine Aufgaben
und Geschäftsflugzeug
in Produktion und Einsatz
Daten und Photo: MU-2J

Unterbringung: 2 Piloten und bis zu 12 Passagiere
Antrieb durch: Zwei AiResearch TPE 331-6-251M Propellerturbinen mit 274 Wellen-PS
Spannweite: 11,95 m
Länge: 12,03 m
Fluggewicht: 4900 kg
Reisegeschwindigkeit: 490–555 km/h
max. Reichweite: 2500 km mit Reserven

Partenavia P.68 Victor — Italien

Partenavia hat dieses leichte zweimotorige Flugzeug als Ergänzung ihrer bewährten Oscar Familie leichter einmotoriger 2/4-Sitzer entwickelt. Die ersten beiden Prototypen flogen am 25. Mai 1970. 13 Vorserienflugzeuge, drei davon als Vermessungsflugzeuge ausgerüstet, wurden zunächst bis zur Fertigstellung neuer Werksanlagen zur Serienfertigung des Musters gebaut. Der vordere Rumpf der Serienversion wurde um 15 cm verlängert. Auslieferungen begannen im Frühjahr 1974 und erreichten im Dezember die geplante Stückzahl von vier Maschinen pro Monat. Es ist eine Variante mit voll einziehbahrem Fahrwerk geplant und eine Frachttür zum Verladen von Tragbahren und sperrigen Gütern und war Anfang 1974 im Entwurfsstadium.

Zweimotoriges leichtes Verkehrsflugzeug, in der Entwicklung

Unterbringung: Pilot und 5 Pasasgiere
Antrieb durch: Zwei 200 PS Lycoming IO-360-A1B6 Kolbenmotoren
Spannweite: 12,00 m
Länge: 9,19 m
Fluggewicht: 1960 kg
Reisegeschwindigkeit: 295–310 km/h
max. Reichweite: 1680 km in 2750 m Höhe

Piaggio P.166 Italien

Die ursprüngliche 6/8-sitzige P.166 wurde von zwei Lycoming GSO-480 Motoren von je 340 PS angetrieben. Sie war eine Weiterentwicklung des Amphibienflugzeugs P.136 und flog erstmals am 26. November 1957. Einige der insgesamt 94 gebauten Maschinen wurden zur Verwendung als Geschäftsflugzeuge sowie als Zubringer- und Charterflugzeug gekauft. Die verbesserte P.166B Portofino (5 gebaut) hatte mehr Leistung und bis zu zehn Sitzen. Der P.166B Prototyp flog zuerst am 27. März 1962 und ihm folgte am 2. Oktober 1964 die P.166C für zwölf Passagiere. (2 gebaut) mit abgeändertem Fahrwerk. In Entwicklung sind die P.166BL2 und die P.166CL2 mit Flügelspitzentanks, erhöhter Kraftstoffkapazität und höherem Fluggewicht.

Leichtes Verkehrsflugzeug, im Einsatz
Photo: P.166B
Daten: P.166 BL.2

Unterbringung: Pilot und 5–9 Passagiere
Antrieb durch: Zwei 380 PS Lycoming IGSO-540-A1C Kolbenmotoren
Spannweite: 14,69 m
Länge: 11,90 m
Fluggewicht: 3950 kg
Reisegeschwindigkeit: 285–360 km/h in 4550 m Höhe
Reichweite: 625–2410 km bei 285 km/h ohne Reserven

Pilatus PC-6 Porter **Schweiz**

Die Porter wurde als ein STOL-Transportflugzeug konstruiert mit der Fähigkeit, sicher von kleinen hochgelegenen Flugplätzen in der Schweiz zu fliegen; das verlieh der Maschine Eigenschaften, die zu ihrer weltweiten Anerkennung führten. Der erste von fünf Prototypen flog am 4. Mai 1959, und Auslieferungen begannen am Ende des Jahres. Serienmuster sind die PC-6 mit 340 PS Motor, wie oben gezeigt, und die PC-6/350 mit 350 PS Lycoming IGO-540-A1A Motor, die zum erstenmal im Dezember 1961 flog. Varianten beider Versionen mit dem Zusatz H1 oder H2 in ihren Bezeichnungen haben erhöhte Abfluggewichte. Zuerst am 2. April 1970 geflogen, war die PC-6/D-H3 nur ein Prototyp, mit 500 PS Lycoming TIO-720 Motor, gepfeiltem Seitenleitwerk, geänderten Flügelspitzen und größerer Reichweite.

Leichtes Mehrzweckflugzeug
in Produktion und Einsatz
Daten für: PC-6H2

Unterbringung: Pilot und 7–9 Passagiere
Antrieb durch: Einen 340 PS Lycoming GSO-480-B1A6 Kolbenmotor
Spannweite: 15,20 m
Länge: 10,20 m
Fluggewicht: 2200 kg
Reisegeschwindigkeit: 190–215 km/h in 3050 m Höhe
max. Reichweite: 1500 km mit normalem Kraftstoff

Pilatus PC-6 Turbo-Porter **Schweiz**

Drei verschiedene Arten von Propellerturbinen werden für die Pilatus Turbo-Porter angeboten, die, abgesehen vom Triebwerk und der daraus resultierenden Verbesserung der Flugleistung, mit der Porter identisch ist. Zuerst sollte die PC-6/A am 2. Mai 1961 fliegen mit der Propellerturbine Astazou IIE oder IIG von 523 Wellen-PS; die A1 und A2 haben 573 PS Propellerturbinen Astazou XII bzw XIVE. Die PC-6/B mit der PT6A-6A von 550 Wellen-PS machte am 1. Mai 1964 ihren Erstflug, und ihr folgte die PC-6/B1 mit PT6A-20 und B2 als Antrieb (technische Daten oben). Die PC-6/C und C1 haben AiResearch TPE 331-25D bzw. TPE 331-1-100 von 575 Wellen-PS. Varianten aller Muster mit dem Zusatz H1 oder H2 haben erhöhte Fluggewichte. Die Gesamtproduktion der Porter und Turbo-Porter in der Schweiz erreichte bis Ende 1974 233 Stück. Zusätzlich wurden 100 PC-6/B und C Flugzeugmuster in Lizenz in den USA als Fairchild Industries Porter und militärische Peacemaker gebaut.

Leichtes Mehrzweckflugzeug
in Produktion und Einsatz
Photo: Fairchild Hiller PC-6/B1-H2
Daten für: PC-6/B2-H2

Unterbringung: Pilot und 7–9 Passagiere
Antrieb durch: Eine United Aircraft of Canada PT6A-27 Propellerturbine mit 550 Wellen-PS
Spannweite: 15,20 m
Länge: 11,00 m
Fluggewicht: 2200 kg
Reisegeschwindigkeit: 240–260 km/h in 3050 m Höhe
max. Reichweite: 1020 km mit normalem Kraftstoff

Piper PA-23 Apache **USA**

Der Apache war der erste größere Beitrag von Piper auf dem Zweimotorigen-Markt, und trat erstmals im Jahre 1952 in Erscheinung. Der Erstflug fand am 2. März dieses Jahres statt, und das Flugzeug erhielt zunächst die Bezeichnung Twin-Stinson. Die PA-23-150 wurde im März 1954 serienmäßig mit 150 PS Lycoming Motoren angeboten, und die Weiterentwicklung bis zur Apache H von1962 brachte verschiedene Verfeinerungen, leistungsstärkere Triebwerke, wahlweise einen zusätzlichen fünften Sitz und ein zusätzliches Kabinenfenster. Die ebenfalls 1962 erschienene Apache 235 brachte mit ihren 235 PS Lycoming O-540 Motoren eine vergrößerte Motorleistung und besaß auch im hinteren Rumpf das voll bewegliche Höhenruder und die gepfeilte Seitenleitwerkflosse der Aztec.

Leichtes zweimotoriges Geschäftsflugzeug, im Einsatz
Daten für: Apache G
Photo: PA-23-160 Apache

Unterbringung: Pilot und 3 oder 4 Passagiere
Antreib durch: Zwei 160 PS Lycoming O-320-B Kolbenmotoren
Spannweite: 11,28 m
Länge: 8,27 m
Fluggewicht: 1723 kg
max. Reisegeschwindigkeit: 275 km/h in 2135 m Höhe
max. Reichweite: 2025 km

Piper PA-23 Aztec **USA**

Die Aztec wurde aus den neueren Apache-Mustern entwickelt, beide Typen teilten sich die Bezeichnung Piper PA-23. Als Fünfsitzer erhielt die Aztec ihre ursprüngliche Musterzulassung im September 1959. Die sechssitzige Version folgte zwei Jahre später. Die Aztec kann von der Apache 235 hauptsächlich durch den längeren Rumpfbug unterschieden werden. Ebenfalls in Produktion ist eine Turbo-Aztec E, die ein Turbo-Aufladesystem von Ai-Research besitzt. Mehr als 3000 Aztec sind gebaut worden.

Leichtes zweimotoriges Geschäftsflugzeug, in Produktion und Einsatz
Daten: Aztec E
Photo: Aztec D

Unterbringung: Pilot und 5 Passagiere
Antrieb durch: Zwei 250 PS Lycoming IO-540-C4B5 Kolbenmotoren
Spannweite: 11,34 m
Länge: 9,52 m
Fluggewicht: 2360 kg
Reisegeschwindigkeit: 315–340 km/h
max. Reichweite: 1945 km bei 315 km/h in 3110 m Höhe

Piper PA-30 und PA-39 Twin Comanche USA

Wie sein Name sagt, basiert dieses Flugzeug auf der Comanche-Konstruktion, besonders was den Rumpf-Aufbau und die Auslegung der Kabine angeht. Der Prototyp flog am 7. November 1962, und die PA-30 Twin Comanche ging 1963 als Nachfolger der Apache H in die Fertigung. Twin Comanche B und C folgten 1965 und 1968, bevor sie 1970/71 von der PA-39 Baureihe mit gegenläufigen Propellern abgelöst wurden. Alle Varianten hatten dasselbe Triebwerk, und standen in Standard Custom und Sportsman Ausführungen mit verschiedenem Ausstattungsniveau zur Verfügung. PA-30 / PA-39 Turbo Twin Comanche unterscheiden sich durch die 160 PS IO-320-C1A Motoren und Rajay Turbolader.

Leichtes zweimotoriges Privat- und Geschäftsflugzeug
in Produktion und Einsatz
Daten: PA-39 Twin Comanche C/R
Photo: PA-30B Twin Comanche B

Unterbringung: Pilot und 3–5 Passagiere
Antrieb durch: Zwei 160 PS Lycoming IO-320-B1A Kolbenmotoren
Spannweite: 11,22 m über Flügeltanks
Länge: 7,67 m
Fluggewicht: 1690 kg
Reisegeschwindigkeit: 285–320 km/h
max. Reichweite: 1930 km bei 285 km/h

Piper PA-31 Navajo und Navajo Chieftain **USA**

Piper flog den Prototyp PA-31 am 30. September 1964. Auslieferungen begannen im April 1967, als die Navajo-Baureihe die größten bei Piper produzierten Flugzeuge wurden. Ursprüngliche nicht länger in Produktion befindliche Versionen waren die 6/9-sitzige PA-31-300 Standard Navajo, die Executive Navajo, ausgestattet mit VIP Standard und die Commuter Navajo für 8 Personen. Diese drei Muster hatten 300 PS IO-540-M Motoren. Die derzeitigen Turbo Navajo B unterscheidet sich durch ihre aufgeladenen 310 PS TIO-540-A Motoren. Ebenfalls in der Fertigung sind die druckluftbelüftete Navajo PA-31P und die Navajo Chieftain, die zur Unterbringung von bis zu 10 Personen um 0,61 m verlängert ist und Lycoming TIO-540-J2BD Motoren von 350 PS hat.

Zweimotoriges Geschäftsflugzeug und Lufttaxi, in Produktion und Einsatz
Daten: PA-31P
Photo: Navajo Chieftain

Unterbringung: Pilot und 5–7 Passagiere
Antrieb durch: Zwei 425 PS Lycoming TIGO-541-E1A Kolbenmotoren
Spannweite: 12,40 m
Länge: 10,52 m
Fluggewicht: 3538 kg
Reisegeschwindigkeit: 305–430 km/h
max. Reichweite: 2148 km bei 305 km/h in 7315 m Höhe

Piper PA-31T Cheyenne USA

Als Spitzenerzeugnis des gegenwärtigen Flugzeugangebots von Piper kombiniert die Cheyenne den grundlegenden Zellenaufbau der druckbelüfteten Navajo mit PT6 Triebwerken und hat Flügelspitzentanks als Standardausrüstung. Vorläufige Einzelheiten wurden im August 1973 bekanntgegeben. Vollständige technische Daten und Fotos wurden jedoch erst im März 1974 freigegeben. Zu diesem Zeitpunkt lief die Produktion bereits, und Auslieferungen begannen am 27. März als die Ball Corporation aus Muncie, Indiana ,die vierte Cheyenne vom Fließband weg in Empfang nahm.

Geschäftsflugzeug und Lufttaxi mit zwei Propellerturbinen
in Produktion und Einsatz

Unterbringung: Pilot und 5–7 Passagiere
Antrieb durch: Zwei United Aircraft of Canada PTA-28 Propellerturbinen mit 620 Wellen-PS
Spannweite über Flügeltanks: 13,02 m
Länge: 10,57 m
Fluggewicht: 4082 kg
Reisegeschwindigkeit: 340–525 km/h
typische Reichweite: 2220 km bei 450 km/h mit Reserven

Piper PA-34 Seneca **USA**

Die Seneca ist eine aus der Cherokee Six entwickelt, leichte zweimotorige und wurde im Sptember 1971 vorgestellt. Piper nimmt für sich in Anspruch, daß dies das billigste Flugzeug seiner Klasse auf dem US Markt sei und verwendet sie als zweimotorigen Standardübergangstrainer in seinen Flite Centers, jetzt gut über 400. Die mittleren und hinteren Sitzreihen sind für den Frachttransport herausnehmbar. Mit eingebauten Sitzen können 200 kg Gepäck oder Fracht in Abteilungen des Rumpfbugs und der Kabinenrückseite mitgeführt werden. Wie bei der PA-39 Twin Comanche sind die Propeller gegenläufig. Das 1974 Modell ha ein viertes Fenster auf jeder Kabinenseite.

Zweimotoriges leichtes Verkehrs- und Schulflugzeug
in Produktion und Einsatz

Unterbringung: Pilot und 5 oder 6 Passagiere
Antrieb durch: Zwei 200 PS Lycoming IO-360-Kolbenmotoren
Spannweite: 11,85 m
Länge: 8,69 m
Fluggewicht: 1905 kg
Reisegeschwindigkeit: 285–300 km/h
typische Reichweite: 1600 km bei 285 km/h

Rockwell Sabreliner Series **USA**

Die Sabreliner wurde als private Unternehmung entwickelt, um die Anforderungen der USAF für einen Gefechtsbereitschafts-Trainer bzw. ein Mehrzweckflugzeug zu erfüllen. Der Prototyp flog am 16. September 1958 mit General Electric J85 Triebwerken. Die darauffolgende Produktion umfaßte 200 Maschinen für die USAF und US Navy mit der Grundbezeichnung T-39 und mehr als 200 zivile Sabreliner. Derzeitige Serienversionen sind die 8/10sitzige Sabre 40A mit Pratt & Whitney JT12A-8 Turbojets von 1497 kp Standschub, die bis zu 12sitzige Sabre 60 mit gleichen Triebwerken und die Sabre 75A wie beschrieben und abgebildet mit einer längeren Kabine und Turbofan-Triebwerken.

Zweistrahilges Geschätfsflugzeug
in Produktion und Einsatz
Photo und Daten: Sabre 75A
Antrieb durch: Zwei General Electric CF700-2D-2 Turbofans mit 1957 kp Standschub

Unterbringung: Besatzung 2, und 6–10 Passagiere
Spannweite: 13,54 m
Länge: 14,38 m
Fluggewicht: 9525 kg
max. Reisegeschwindigkeit: 905 km/h
max. Reichweite: 3150 km mit 4 Passagieren (mit Reserven)

Rockwell Shrike Commander, Courser Commander und Commander 685 — USA

Seit der Fusion, welche die früheren Firmen Rockwell Aero Commander und North American Aviation zusammenbrachte, wurden die zweimotorigen Aero Commander unter neuen Namen vertrieben. Die Shrike Commander (technische Daten oben) ist die derzeitige Produktionsversion der ursprünglichen Aero Commander 500; die Shrike Commander Esquire ist eine 6sitzige Geschäftsreise-Luxus-Version. Bis zur Einstellung der Produktion wurde die frühere Grand Commander als die Courser Commander gefertigt mit 380 PS IGSO-540 Motoren und bis zu 11 Sitzen in einem gestreckten Rumpf. Die neue Commander 685 ist ein 7/9-Sitzer, der die Zelle der Turbo Commander 690 mit dem 435 PS Continental GTSIO-520-F Kolbenmotor kombiniert.

Zweimotoriges leichtes Verkehrsflugzeug, in Produktion und Einsatz
Daten für: Shrike Commander
Photo: Courser Commander

Unterbringung: Standard 4 Personen, wahlweise bis zu 7
Antrieb durch: Zwei 290 PS Lycoming IO-540-E1B5 Kolbenmotoren
Spannweite: 14,95 m
Länge: 11,22 m
Fluggewicht: 3062 kg
Reisegeschwindigkeit: 275–325 km/h
max. Reichweite: 1735 km bei 275 km/ ohne Reserven

Rockwell Turbo Commander USA

Zuerst am 31. Dezember 1964 geflogen, verwendete die ursprüngliche Turbo Commander die Zelle der Grand Commander (Courser Commander) außer, was die Triebwerke anbelangte. Produktionsauslieferungen begannen im April 1965. Nach der Fusion Aero Commander/North American wurde der Rumpfbug verlängert, und der Name eine Zeit lang in Hawk Commander geändert. Der Name Turbo Commander lebte 1971 wieder auf, als das Grundmodell 681B mit 605 Wellen-PS-Propellerturbinen und bis zu neun Sitzen zu der neuen Turbo Commander 690 verbunden wurde, mit vergrößerter Spannweite, stärkeren Triebwerken, höheren Gewichten und größerer Flugleistung.

Zweimotoriges Geschäftsreiseflugzeug
in Produktion und Einsatz
Daten: Turbo Commander 690

Unterbringung: bis zu 11 Personen einschließlich 1 oder 2 Piloten
Antrieb durch: Zwei AiResearch TPE 331-5-251K Propellerturbinen mit 700 Wellen-PS
Spannweite: 14,22 m
Länge: 13,10 m
Fluggewicht: 4649 kg
Reisegeschwindigkeit: 425–520 km/h
max. Reichweite: 2520 km mit Reserven

Saunders ST-27 — Kanada

Die ST-27 ist eine »gestreckte« Nachfertigung der Hawker Siddeley (D.H.114) Heron mit Turboprop Triebwerken, von der Saunders Aircraft Corporation of Canada konstruiert. Der Prototypumbau wurde durch Aviation Traders of Southend, England, fertiggestellt und flog zum erstenmal am 28. Mai 1969. Zwei weitere ST-27 wurden im Laufe des Jahres 1970 vollendet, als Umbauten aus Heron Srs 2, die zur Flotte der Königin gehört hatten. Bis Anfang 1974 fanden Auslieferungen an die Aerolineas Centrales de Colombia (3) und St. Andrews Airways, Manitoba (1) statt. Saunders flog am 17. Juli 1974 den Prototyp der neu gebauten ST-27B mit vergrößerten Fluggewichten, die auf den US-Zubringer-Flugzeugmarkt abzielt.

Kurzstrecken- und Nahverkehrsflugzeug der Dritten Ebene
in Produktion und Einsatz

Unterbringung: Besatzung 2, und bis zu 23 Passagiere
Antrieb durch: Zwei United Aircraft of Canada PT6A-34 Propellerturbinen mit 783 Wellen-PS
Spannweite: 21,79 m
Länge: 17,98 m
Fluggewicht: 6124 kg
Reisegeschwindigkeit: 335–370 km/h in 2135 m Höhe
Reichweite: 185–1315 km mit Reserven

Scottish Aviation Jetstream 200 Großbritannien

Die Entwicklung der Jetstream wurde von den früheren Handley Page Werken Anfang 1966 unternommen, und das erste von vier Testflugzeugen flog am 18. August 1967. Auslieferungen der Jetstream Mk 1 (mit Astazou XIV Triebwerken) begannen im Frühjahr 1969, und bis zur Schließung von Handley Page sind 36 Stück für Kunden in Großbritannien, den USA, Kanada und Deutschland fertiggestellt worden. Weiterentwicklung und Verkauf der verbesserten Jetstream Series 200 (technische Daten oben) übernahm schließlich die Scottish Aviation. Der erste Verkauf einer Jetstream 200 wurde an eine französische Zubringer-Luftlinie im Frühjahr 1971 getätigt. Weitere zivile Verkäufe werden nach der Auslieferung von 26 Jetstream T.Mk 1 an die RAF folgen.

Zubringer- und Geschäftsflugzeug
in Produktion und Einsatz
Photo und Daten: Jetstream 200

Unterbringung: Besatzung 1–2, und 12–18 Passagiere
Antrieb durch: Zwei Turboméca Astazou XVI C2 Propellerturbinen mit 996 Wellen-PS
Spannweite: 15,85 m
Länge: 14,37 m
Fluggewicht: 5700 kg
Reisegeschwindigkeit: 435–455 km/h
max. Reichweite: 2225 km mit Reserven

Shorts SC.7 Skyvan und Skyliner — Großbritannien

Die Skyvan wurde als einfaches, geräumiges Vielzweckflugzeug mit der Eigenschaft konstruiert, von einer beliebigen 800 m Piste mit einer Zuladung von 2 t abzuheben. Der ursprüngliche Prototyp flog am 17. Januar 1963 mit 390 PS Continental GTSIO-520 Kolbenmotoren. Nach der Entscheidung, auf Propellerturbinen umzustellen, wurde er mit Astazou II umgerüstet und flog wieder am 2. Oktober 1963. Drei Entwicklungsflugzeuge und 16 erste Serien Srs 2 Skyvan mit Astazou XII wurden als nächstes produziert, bevor TPE 331 Triebwerke für die Srs 3, die am 15. Dezember 1967 zuerst flog, Standard wurden. Auslieferungen setzten im folgenden Sommer ein mit einigen umgebauten Srs 2 Zellen, die den wirklichen Srs 3 vorausgingen. Zivile und militärische Aufträge für 97 Flugzeuge wurden bis Januar 1974 entgegengenommen, darunter Srs 3A Skyvan mit einem Abfluggewicht von 6215 kg und Passagier-Skyliner für 19 oder 22 Insassen in Luxus-Ausführung. Unter den Kunden für das Muster VIP Skyliner Executive ist der König von Nepal.

Leichtes STOL-Flugzeug für allgemeine Transportaufgaben
in Produktion und Einsatz
Photo und Daten: Skyvan Srs. 3

Unterbringung: Besatzung 1 oder 2 und bis zu 19 Passagiere
Antrieb durch: Zwei AiResearch TPE 331-201 Propellerturbinen mit 715 Wellen-PS
Spannweite: 19,79 m
Länge: 12,21 m
Fluggewicht: 5670 kg
Reisegeschwindigkeit: 280–325 km/h in 3050 m Höhe
Reichweite: 300–1115 km mit Reserven

Swearingen Merlin II und III — USA

Zum Bau der ursprünglichen Merlin IIA kombinierte Swearingen Aircraft die Tragflügel-Grundstruktur der Beach Queen Air und das Fahrgestell der Twin Bonanza mit einem vollkommen neuen druckbelüfteten Rumpf eigener Konstruktion und zwei Pratt & Whitney PT68-20 Propellerturbinen von 578 Wellen-PS anstelle der Lycoming-Motoren der Queen Air. Die erste Merlin IIA flog am 13. April 1965, und Produktionsauslieferungen begannen im August 1966. Die IIA wurde von der IIB mit AiResearch Triebwerken von 665 Wellen-PS abgelöst; die Produktion konzentriert sich jedoch jetzt auf die Merlin III mit einem etwas längeren Rumpf, neuem Leitwerk und den Tragflügeln, das Fahrgestell und die Triebwerke der Metro. Insgesamt sind bis 1974 179 Merlin II und III ausgeliefert worden.

Zweimotoriges Geschäftsflugzeug
in Produktion und Einsatz
Photo und Daten: Merlin III

Unterbringung: Besatzung 2, und 6–8 Passagiere
Antrieb durch: Zwei AiResearch TPE 331-3U-303G Propellerturbinen mit 904 Wellen-PS
Spannweite: 14,10 m
Länge: 12,85 m
Fluggewicht: 5670 kg
max. Reisegeschwindigkeit: 510 km/h in 4875 m Höhe
max. Reichweite: 4300 km bei 465 km/h in 8535 m Höhe mit Reserven

Swearingen Metro und Merlin IV USA

Obwohl normalerweise als Passagierflugzeug für 20 Insassen ausgerüstet, hat die Metro einen auf einfache Weise für Passagier/Frachtbetrieb umrüstbaren Innenraum, der den Haltern ein Maximum an Flexibilität bietet. Im Unterschied zu den meisten Zubringerflugzeugen ist es keine Anpassung eines bestehenden Geschäftsflugzeugs, sondern eine vollständig neue Konstruktion. Der Bau des Prototyps wurde im August 1968 begonnen, und er flog ein Jahr später am 26. August 1969. Zu den Haltern im Jahre 1974 gehören die Air East, Air Wisconsin (6), Commuter Airlines (2), Crown Airways und Mississippe Valley Airlines. 15 Geschäftsflugzeugversionen mit Standardbestuhlung für 12 Passagiere sind ebenso als Merlin IV im Einsatz.

Nahverkehrsflugzeug und Transportflugzeug für kombinierten Verkehr, in Produktion und Einsatz
Daten für: Metro
Photo: Merlin IV

Unterbringung: Besatzung 2, und 20 Passagiere oder verschiedene Passagier-/Frachtzuladungen
Antrieb durch: Zwei AiResearch TPE 331-3UW-303G Propellerturbinen mit 940 Wellen-PS
Spannweite: 14,10
Länge: 18,09 m
Fluggewicht: 5670 kg
Reisegeschwindigkeit: 450—475 km/h
Reichweite: 160—804 km mit Reserven

Ted Smith Aerostar **USA**

Aerostar ist der allgemein übliche Name für eine wachsende Familie schneller Leichttransportflugzeuge, die von Ted R. Smith konstruiert wurden, der für die ursprünglichen zweimotorigen Leichtflugzeuge vom Typ Aero Commander verantwortlich zeichnete. Die Produktion wurde anfangs von Butler Aviation ausgeführt, dann jedoch von Ted A. Smith und Co. im Jahre 1972 übernommen. Die Fertigung im Jahre 1973 wurde auf die AeroStar 600 (oben beschrieben) konzentriert, die im Oktober 1967 in Prototypform ihren Erstflug gemacht hatte, und die gleiche Aerostar 601, deren 290 PS IO-540 Motoren mit Turboladern ausgerüstet wurden. Die 601P ist druckbelüftet, mit 300 PS Lycoming TIO-541 Motoren. Die nächste Entwicklungsstufe wird von der etwas größeren Aerostar 700 mit 350 PS IO-540-M Motoren vertreten, die zum erstenmal am 22. November 1972 flog sowie ihre druckbelüftete Version, die 700P. Als weitere Maschinen sind die 9-sitzige Aerostar 1000 und die von Turbofans angetriebene transkontinentale Aerostar 3000 geplant.

Zweimotoriges leichtes Verkehrsflugzeug, in Produktion und Einsatz
Photo und Daten: Aerostar 600

Unterbringung: Pilot und 5 Passagiere
Antrieb durch: Zwei 290 PS Lycoming IO-540 Kolbenmotoren
Spannweite: 10,43 m
Länge: 10,61 m
Fluggewicht: 2495 kg
normale Reisegeschwindigkeit: 402 km/h in 3050 m Höhe
max. Reichweite: 2250 km mit Reserven

Volpar Turbo 18 und Turboliner USA

Nach Entwicklung des Volpar Mk IV Bugrades für die Beechcraft 18 (s. Seite 60) entschloß sich Volpar Inc, die Arbeiten mit einem Umbau desselben Flugzeugmusters zu einer Turboprop-Version fortzuführen. Die daraus resultierende Turbo 18 hat TPE 331 Triebwerke, das Volpar Mk IV Fahrgestell, einen verlängerten vorderen Rumpf, vergrößerte Tiefe der Flügelvorderkante im Bereich der inneren Querschnitte zur Reduzierung des effektiven Verhältnisses von Flügeldicke und Tiefe und kleinere Flügelspitzen. Viele Umbausätze wurden geliefert, darunter 15 an Air Asia in Taiwan. Nach der Turbo 18 baute Volpar einen Prototyp der gestreckten Turboliners (technische Daten oben), der zum erstenmal am 12. April 1967 flog. Insgesamt waren bis Januar 1971 21 Maschinen im Einsatz und weitere sind seitdem hergestellt worden.

Leichtes Turbopropflugzeug für allgemeine Transportaufgaben,
in Produktion und Einsatz
Photo und Daten: Turboliner

Unterbringung: Besatzung 2, und bis zu 15 Passagiere
Antrieb durch: Zwei AiResearch TPE 331-1-101B Propellerturbinen mit 705 Wellen-PS
Spannweite: 14,02 m
Länge: 13,47 m
Fluggewicht: 5216 kg
Reisegeschwindigkeit: 412–451 km/h in 3050 m Höhe
Reichweite: 556–3340 km mit Reserven

Teil 3

Klub-, Reise-, Privat- und Landwirtschaftsflugzeuge sowie kleinere einmotorige Mehrzweck- und Geschäftsflugzeuge

AAMSA/Rockwell Sparrow (und Quail und Snipe) Commander — Mexico

Photo und Daten:
Sparrow Commander
Spannweite: 10,59 m
Länge: 7,16 m
Fluggewicht: 1542 kg
Arbeitsgeschwindigkeit: 145–161 km/h
max. Reichweite: 483 km

Das Landwirtschaftsflugzeug Sparrow Commander für Sprüh- und Staubverteilungsarbeiten hat eine lange und verwickelte Entstehungsgeschichte. Anfangs wurden Versionen mit geringer Leistung von der Firma CallAir entwickelt und konstruiert, und zwar von 1956 bis 1962, als die CallAir von der Intermountain Manufacturing Co (IMCO) übernommen wurde. IMCO entwickelte die A-9 mit dem 235 PS Lycoming O-540-B2B5 Motor und einer Zuladung von 565 kg; die A-9 Super mit dem 290 PS Lycoming IO-540-G1C5 und 726 kg Zuladung; und die maßstäblich vergrößerte B-1 mit 13 m Spannweite, dem 400 PS Lycoming IO-720-A1A Motor und 907 kg Zuladung. Nach einer Fertigungsperiode bei AEro Commander als Ag Commander wurden die drei Muster entsprechend Rockwell's Sparrow Commander, Quail Commander und Snipe Commander, wobei die Snipe mit einem 450 PS Pratt & Whitney IR-985 Sternmotor nachgerüstet wurde. Die Sparrow und Quail Fertigungsprogramme wurden an die Aeronautica Agricola Mexicana SA in Mexiko übertragen, von wo aus die Auslieferungen wieder aufgenommen wurden. Die Produktion der Snipe Commander ist ausgelaufen.

Aero 2 und 3 — Jugoslawien

Zuerst als Prototyp im Jahre 1940 geflogen, wurde das zweisitzige Anfängerschulflugzeug Aero 2 nach dem 2. Weltkrieg in die Produktion genommen, und das erste Serienmuster flog am 19. Oktober 1946 Das Flugzeug ist in Holzbauweise mit Sperrholzplan-

Photo und Daten: Aero 2 D
Spannweite 10,29 m
Länge: 8,45 m
Fluggewicht: 996 kg
Reichweite: 684 km bei 160 km/h

kung gefertigt. Die meisten Versionen haben einen 160 PS Walter Minor 6-III Motor; die Aero 2B und 2BE haben jedoch einen 145 PS D.H. Gipsy Major 10 Motor. Die Aero 2B, 2C und 2F haben offene Cockpits; mit verglaster Kanzel ist die 2BE, 2D, 2E und 2 H ausgerüstet, wobei letztere ein mit zwei Schwimmern versehenes Wasserflugzeug ist. Die verbesserte Aero 3 hat einen 190 PS Lycoming Motor, ihre Kanzel besteht aus einem Stück. Die von der jugoslawischen Luftwaffe geflogene Aero 2 und 3 werden jetzt hauptsächlich von jugoslawischen Fliegerclubs benutzt.

Aero Boero 95/115/180 — Argentinien

Photo und Daten:
Aero Boero 115
Spannweite: 10,41 m
Länge: 6,89 m
Fluggewicht: 770 kg
max. Reisegeschwindigkeit: 285 km/h
max. Reichweite: 797 km

Der Prototyp dieses dreisitzigen Leichtflugzeuges flog zum erstenmal am 12. März 1959. Erste Serien Aero Boero 95 hatten einen 95 PS Continental C90-8F Motor; ihnen foglte die Aero Boero 95A De Jujo, und ihr Gegenstück, das Landwirtschaftsflugzeug 95A Fumigador für Sprüh- und Staubverteilungsarbeiten, jeweils mit einem 100 PS Continental O-200-A Motor. Standard-Serienmuster ist seit Juli 1969 die Aero Boero 95/115 (technische Daten oben) mit 115 PS Lycoming O-235-C2A Motor. Die Aero Boero 180 ist gleich, aber mit 180 PS Lycoming O-360-A1A Motor und verbesserter Flugleistung, und die 180 Condor ist eine zweisitzige Höhenversion.

Aero Boero 210/260 — Argentinien

Photo und Daten: 210
Spannweite: 10,42 m
Länge: 7,40 m
Fluggewicht: 1100 kg
Reisegeschwindigkeit: 225 km/h
Reichweite: 800 km

Die Firma Aero Boero stellte den Prototyp des Musters 210 als möglichen Nachfolge der Leichtflugzeug-Modellreihe 115/180her. Von einem 210 PS Continental IO-360 Motor angetrieben, fand der Erstflug am 22. April 1971 statt. Das Flugzeug wurde später mit einem 260 PS Lycoming O-540 Motor umgerüstet und erhielt in dieser Form die Bezeichnung Muster 260.

Aero Boero AG.260 — Argentinien

Spanweite: 10,74 m
Länge: 7,45 m
Fluggewicht: 1350 kg
max. Reisegeschwindigkeit: 201 km/
Reichweite: 700 km

Die Firma Aero Boero, die zuvor eine Reihe von Hochdecker-Leichtflugzeugen gebaut hatte, begann die Konstruktion dieses Landwirtschaftsflugzeugs im Jahre 1971, und ein Prototyp machte am 23. Dezember 1972 seinen Erstflug. Er wurde von einem 260 PS Lycoming O-540 Motor angetrieben, und eine Version mit einem 235 PS Motor wurde ebenfalls als die AG.235 projektiert.

Aeronca 7 Champion (und Champion Traveler und Challenger) — USA

Mehr als 10000 Champion wurden von Aeronca in den Jahren von 1946–51 gebaut. Alle waren Tandem-Zweisitzer mit Motoren von

Photo: Muster 7AC.
Daten: Muster 7EC.
Spannweite: 10,67 m
Länge: 6,55 m
Fluggewicht: 658 kg
Reichweite: 563 km bei 161 km/h

65 PS Continental A65-8 (Muster 7AC) bis zum 90 PS Continental C90-12F (Muster 7EC). Die Fertigung der 7EC wurde von Champion Aircraft von 1955–1964 unter den Bezeichnungen Traveler und Traveler Deluxe wiederaufgenommen. Die 7FC Tri-Traveler ist gleich, hat aber ein Dreibein-Fahrgestell. In Großserie gebaute Entwicklungen waren die dreisitzige 7GC Sky-Trac mit 140 PS Lycoming O-290-D2B Motor und die 2-sitzige 7GCB Challenger mit 150 PS Lycoming O-320-A2B Motor. Die von Champion gebauten Muster haben kürzere, mehr quadratische Flügelenden als die ursprünglichen Aeronca-Maschinen (s. auch Bellanca Champ und Citabria).

Aeronca 15AC Sedan — USA

Spannweite: 11,43 m
Länge: 7,69 m
Fluggewicht: 930 kg
max. Reisegeschwindigkeit: 183 km/h
Reichweite: 732 km

Eine sehr große Anzahl dieser viersitzigen Leichtflugzeuge wird noch immer geflogen. Die Sedan hat ein Metallgerüst mit metallbeplanktem Tragflügel und einen stoffbespannten Rumpf. Sie wurde erstmals im Jahre 1947 geflogen. Standard-Triebwerk ist ein 145 PS Continental C145 Motor; einige Sedan haben jedoch einen 165 PS Franklin Motor.

Aerospace (NZAI) Airtourer — Neuseeland

Photo: Airtourer T3.
Daten: Airtourer T5.
Spannweite: 7,92 m
Länge: 6,71 m
Fluggewicht: 793 kg
max. Reichweite: 1075 km bei 216 km/h

Die Airtourer schlug 103 andere Konstruktionen und gewann einen Konstruktionswettbewerb des Royal Aero Club für ein zweisitziges Leichtflugzeug im Jahre 1953. Ein Prototyp in Holzbauweise flog mit einem 65 PS Motor im März 1959 in Australien. Die Victa Ltd. in Milperra Neu Süd Wales baute danach 170 Ganzmetall-Airtourer mit 100 PS Continental O-200-A oder 115 PS Lycoming O-235 Motor. Die Fertigung in Neuseeland durch Aero Engine Services Ltd. (jetzt New Zealand Aerospace Industries) begann im Oktober 1967. Derzeitige zivile Varianten sind die Airtourer T2 (115 PS O-235-C2A), T3 (130 PS Motor), T4 (150 PS O-320-E2A), T5 (O-320-E1A Motor mit einem Propeller gleichbleibender Drehzahl und nadelförmiger Propellerhaube) und T6 als T5 mit 862 kg Fluggewicht. Über 100 Stück wurden in Neuseeland gebaut, zusätzlich zu den gleichen CT/4 Airtrainer für militärische Verwendung.

Aerospace (NZAI) / Air Parts Fletcher FU-24 — Neuseeland

Daten: FU-24.
Photo: FU-24-950.
Spannweite: 12,80 m
Länge: 9,70 m
Fluggewicht: 1815 kg
max. Reisegeschwindigkeit: 204 km/h
max. Reichweite: 597 km

Die FU-24 wurde ursprünglich von der Fletcher Aviation Co in Amerika für landwirtschaftliche Kopfdüngungsarbeiten in Neuseeland konstruiert.

Die ersten 100 Serienmaschinen wurden 1954–64 von der Mutterfirma gebaut. Air Parts (NZ) Ltd erwarb darauf alle Rechte auf die FU-24 und setzte die Fertigung in Neuseeland fort. Die Grundversion wird als Einsitzer geflogen mit 300 PS Continental IO-520-F und einem Behälter für 730 kg Chemikalien hinter dem Cockpit. Die FU-24A ist eine Version mit Doppelsteuer. Es werden auch Versionen für 4/5 Passagiere oder 762 kg Fracht angeboten, und die FU-24-950 mit 400 PS Lycoming IO-720 Motor. Es sind Prototypen geflogen sowohl mit AiResearch TPE 331 als auch Pratt & Whitney PT6A Propellerturbinen.

Aerotec 122 Uirapuru — Brasilien

Spannweite: 8,50 m
Länge: 6,60 m
Fulggewicht: 840 kg
max. Reisegeschwindigkeit: 185 km/h
max. Reichweite: 800 km

Der Prototyp dieses Ganzmetalltrainers mit zwei nebeneinander angeordneten Sitzen flog am 2. Juni 1965 mit einem 108 PS Lycoming O-235 Motor. Die Uirapuru kam für die brasilianischen Luftstreitkräfte als T-23 mit einem 160 PS Lycoming O-320-B2B Motor in die Produktion, insgesamt wurden 70 Stück ausgeliefert, denen 20 für Paraguay folgten. Eine 2-sitzige zivile Version wurde mit einem geänderten Cockpit und zusätzlichem Kraftstoff in den Außenflügeln zur Erhöhung der Reichweite auf 1300 km entwikkelt.

Aircoupe (und Ercoupe, Fornaire und Mooney M-10 Cadet) — USA

Diese Baureihe zweisitziger Leichtflugzeuge in Ganzmetallbauweise begann mit der Erco Aircoupe von 1940 mit der damals einzigartigen Doppelsteuerung ohne Ruder und Pedale. Herstellungsrechte gingen später an Forney über, der die gleiche Konstruktion als die Fornaire produzierte, und dann an Alon, der bei

Photo und Daten:
Alon A-2 Aircoupe.
Spannweite: 9,14 m
Länge: 6,19 m
Fluggewicht: 657 kg
max. Reisegeschwindigkeit: 200 km/h
max. Reichweite 732 km

der A-2 Aircoupe einige Änderungen einführte und wahlweise konventionelle Steuerungen anbot. Die Firma Alon wurde 1967 von Mooney erworben, und die letzten Versionen dieses Flugzeuges wurden später als A-2 mit neuen Fahrgestellbeinen aus Federstahl hergestellt, sowie als M-10 Cadet mit neuem hinteren Rumpf und einfachem Seitenleitwerk. Standard-Motor in den späteren Versionen war der 90 PS Continental C90-16F.

AISA I-11B — Spanien

Länge: 6,47 m
Spannweite: 9,32 m
Fluggewicht: 668 kg
Reichweite: 649 km bei 177 km/h

Der Prototyp I-11, der 1950 flog, hatte ein Dreibeinfahrgestell. Alle Serien I-11B haben einen Spornrad; die erste flog am 16. Oktober 1953 und insgesamt 180 Stück wurden ausgeliefert, einige an die spanische Luftwaffe für Verbindungs- und Schulungsaufgaben. Standard-Motor ist der 90 PS Continental C90-12F, jedoch haben einige I-11B Muster einen 93 PS ENMA Flecha spanischer Konstruktion. Alle Maschinen sind in Holzbauweise und haben zwei nebeneinander angeordnete Sitze.

Anahuac Tauro 300 — Mexiko

Die Firma Anahuac wurde zur Entwicklung eines besonders für die mexikanischen Anforderungen geeigneten Flugzeugs gegründet Ihr erstes Produkt ist dieses einsitzige Landwirtschaftsflug-

Spannweite: 11,44 m
Länge: 8,21 m
Fluggewicht: 1606 kg
Reisegeschwindigkeit: 137–145 km/h
max. Reichweite: 375 km

zeug, das am 3. Dezember 1968 flog. Die erste Serien-Tauro foglte am 5. Juni 1970 mit dem Standard 300 PS Jacobs R-755-A2M1 Motor als Antrieb. Wahlweise kann der 350 PS Jacobs R-755-SM eingebaut werden, und eine zweisitzige Schulflugzeugversion ist in der Entwicklung.

Auster J/1 Autocrat (und J/1B Aiglet, J/1N Alpha, J/2 Arrow, J/4 und J/5 Adventurer — Großbritannien

Photo und Daten: Autocrat
Spannweite: 10,98 m
Länge: 7,14 m
Fluggewicht: 839 kg
Reichweite: 515 km bei 161 km/h

Die Autocrat war das erste Leichtflugzeug von Auster nach dem Kriege und wurde von einem 100 PS Cirrus II Motor angetrieben. Andere Maschinen sind aus 3- zu 4-Sitzern (J/A) umgebaut worden, oder haben einen 130 PS Gipsy Major I Motor und größere Seitenleitwerksflächen, wenn sie zu J/1N Alpha umgebaut werden. Flugzeuge, die von Anfang an mit einem Gipsy Major I und vergrößertem Seitenleitwerk hergestellt wurden, sind die J/1B Aiglet; von etwa 90 gebauten Maschinen wurden die in Großbritannien zugelassenen hauptsächlich für landwirtschaftliche Sprüharbeiten ausgerüstet. Die J/2 Arrow (75 PS Continental) und J/4 (90 PS Cirrus Minor) entsprechen der J/1 haben aber nur zwei Sitze. Die J/5 Adventurer unterschied sich von der Aiglet dadurch, daß sie keine vergrößerte Leitwerksflächen hat. Die J/5F Aiglet Trainer hat einen breiteren Rumpf, kürzere Spannweite und ist kunstflugtauglich.

Auster J/5B, J/5G und J/5P Autocar (und J/5Q und J/5R Alpine) — Großbritannien

Photo: J/5P Autocar
Daten: J/5B Autocar
Spannweite: 10,98 m
Länge: 7,11 m
Fluggewicht: 1088 kg
Reichweite: 418 km bei 171 km/h

Als erster vollwertiger von Auster in Produktion genommener 4-Sitzer machte die Autocar im August 1949 ihren Jungfernflug und etwa 100 Stück wurden, meist für den Export, gebaut. Varianten sind die J/5B mit 130 PS Gipsy Major I Motor, J/5G mit 155 PS Cirrus Major 3 und J/5P mit 145 PS Gipsy Major 10. Die etwas ähnliche Alpine ist eine Kreuzung zwischen der Autocar und dem Aiglet Trainer, und bietet verbesserte Flugleistung in einem 3-Sitzer. Varianten sind die J/5Q mit Gipsy Major I und J/5R mit Gipsy Major 10.

Beagle A.61 Series 2 Terrier — Großbritannien

Spannweite: 10,98 m
Länge: 7,21 m
Fluggewicht: 1088 kg
Reisegeschwindigkeit: 174–185 km/h
Reichweite: 483 km bei 174 km/h

Dieses 2/3-sitzige Leichtflugzeug für Reise und Schulung flog zuerst am 25. April 1962 und wurde durch Wiederinstandsetzung und Aufpolieren der früheren Army Auster AOP-6 und T.7 Eindecker hergestellt. Der normale 145 PS Gipsy Major 10 Mk 1-1 Motor beibehalten, der Kabinenlärm jedoch durch Einbau eines langen Auspuffs und Schalldämpfers reduziert. Die Terrier ist ein ausgezeichnetes Schleppflugzeug für Segelflugzeuge und hat ihren Ursprung in der weniger verfeinerten, jedoch allgemein gleichen Auster 6A Tugmaster.

Beagle A.109 Airedale — Großbritannien

Spannweite: 11,07 m
Länge: 8,02 m
Fluggewicht: 1247 kg
Reisegeschwindigkeit: 185–214 km/h
max. Reichweite: 1335 km bei 185 km/h

Zuerst am 16. April 1961 geflogen, war die 4-sitzige Airedale eine verfeinerte Weiterentwicklung des traditionellen Auster Eindekkers. Der 180 PS Lycoming O-369 Motor verleiht ihr eine Höchstgeschwindigkeit von 225 km/h. Zu den moderneren Merkmalen gehören ein Pkw-ähnlicher Passagierraum, Radsteuerung, gepfeiltes Seitenleitwerk, verkleidetes Dreibein-Fahrgestell und Vorkehrungen für Blindfluginstrumentierung auf Linienflugzeugniveau. 42 Stück wurden gebaut.

Beagle B.121 Pup — Großbritannien

Photo und Daten: Pup-100
Spannweite: 9,45 m
Länge: 6,93 m
Fluggewicht: 726 kg
Reichweite: 870 km bei 161 km/h

Zuerst am 8. April 1967 geflogen, ist die Pup-100 ein vollkunstflugtaugliches Leichtflugzeug, das von einem 100 PS Rolls-Royce/Continental O-22-A Motor angetrieben wird und zwei Erwachsene sowie auf Wunsch zwei Kinder aufnehmen kann. Auslieferungen von Serienflugzeugen begannen im April 1968. Inzwischen ist der erste von zwei Prototypen, der 2/4-sitzigen Pup-150 mit 150 PS Lycoming O-320-A2B Motor, am 4. Oktobr 1967 geflogen. Dieses Flugzeug wurde später mit einem 160 PS Lycoming nachgerüstet, um als Prototyp Pup-160 am 5. September 1968 zu fliegen. Die erste Pup flog 1969 mit einem 200 PS Continental Motor. Anfang des nächsten Jahres ging die Firma Beagle in Konkurs, und die Produktion lief aus. 128 Pup aller Muster wurden gebaut. Das militärische Schulflugzeug Scottish Aviation Bulldog ist von der gleichen Konstruktion abgeleitet.

Beagle (Auster) »D« Series und A.113 Husky — Großbritannien

Photo und Daten: A.113
Spannweite: 10,98 m
Länge: 6,76 m
Fluggewicht: 1088 kg
Reisegeschwindigkeit: 155–180 km/h
Reichweite: 935 km bei 155 km/h

Die bereinigte Auster »D« Series von 1960 hat identische Basiszellen mit neuen Flügelholmen aus Metall und Lycoming Motoren. Die zweisitzige D.4 hat 108, 150/160 oder 180 PS Motoren und 9,75 bzw. 10,98 m Spannweite. Die 3-sitzige D.5 hat 150/160 oder 180 PS Motoren und 9,75 bzw. 10,98 Spannweite. Die 4-sitzige D.6 hat 160 bzw. 180 PS Motoren. und 10,98 m Spannweite Die Produktion der D.5/160 und D.5/180 wurde von Beagle fortgeführt. Das letztgenannte Flugzeug mit 180 PS Lycoming O-360-A2A Motor erhielt die neue Bezeichnung A.113 Husky. Einige Maschinen wurden mit einer Sprühvorrichtung für den Landwirtschaftseinsatz ausgerüstet. Das Spezial-Landwirtschaftsflugzeug J-1U Workmaster, welche 1958 zuerst geflogen wurde, ist gleich, hat jedoch D.5/160 und D.5/180 Flugzeuge von OGMA in Portugal zur Vereinen 180 PS Lycoming Motor. Zusätzlich wurden 150 D.4/108, wendung bei der Luftwaffe und in Fliegerclubs gebaut.

Beechcraft Model 17 USA

Photos: D17S
Daten: G17S
Spannweite: 9,75 m
Länge: 7,85 m
Fluggewicht: 1928 kg
max. Reisegeschwindigkeit: 319 km/h
max. Reichweite: 2253 km

Die berühmte Beechcraft »Staggerwing« flog zuerst im Jahre 1932 und blieb in verschiedenen Versionen bis 1948 in Produktion. Viele Maschinen werden noch immer geflogen. Zu den ersten Mustern gehörte die 4-sitzige 17R (420 PS Whirlwind), die A 17F (700 PS Cyclone) und die B17L (225 PS Jacobs); von diesen Maschinen hatten die ersten beiden ein festes Fahrgestell mit Verkleidung und die B17L ein einziehbares Fahrgestell. Zu den hunderten Vorkriegsmaschinen kamen 270 UC-43 und GB-1 (die D17S Varianten) mit 450 PS Pratt & Whitney R-985 Motor zu den US-Truppen. Etwa 90 zivile G17S mit 5 Sitzen wurden nach dem Kriege ebenfalls mit R-985 Motor produziert.

Beechcraft Bonanza (V-tail series) USA

Photo: Muster M35.
Daten: Muster V35B.
Spannweite: 10,20 m
Länge: 8,04 m
Fluggewicht: 1542 kg
Reisegeschwindigkeit: 264–327 km/h
Reichweite: 836–1625 km mit Reserven

Der Prototyp dieses 4/6-sitzigen Leichtflugzeuges mit V-Leitwerk flog am 22. Dezember 1945 und bis Anfang 1974 sind insgesamt 9610 Stück gebaut worden. Die Konstruktion wurde kontinuierlich verfeinert, mit zunehmend leistungsstärkeren Motoren, und das derzeitige Muster V35B Bonanza hat einen 285 PS Continental IO-520-B Einspritzmotor. Die V-35BTC ist gleich und unterscheidet sich nur dadurch, daß sie Turboaufladung und ein Sauerstoffsystem besitzt. Bonanza mit konventionellem Leitwerk werden weiter unten beschrieben.

Beechcraft Bonanza (konventionelles Leitwerk) und Debonair — USA

Photo und Daten:
Muster F33A
Spannweite: 10,20 m
Länge, 7,77 m
Fluggewicht: 1542 kg
Reisegeschwindigkeit: 251–322 km/h
Reichweite: 828–1577 km mit Reserven

Außer ihrem konventionellen Leitwerk und dem unterschiedlichen Motor ist diese Bonanza-Familie im allgemeinen identisch mit der Baureihe mit V-förmigem Leitwerk. Der Prototyp flog am 14. September 1959, und die Serienmuster erhielten bis 1967 den Namen Debonair. Derzeitige Basismuster sind die G33 mit 260 PS Continental IO-470-D Motor und die F33A mit 285 PS IO-520-B. Die Produktion der kunstflugtauglichen Version F33C lief aus, nachdem 30 Maschinen ausgeliefert worden waren. Insgesamt sind 1627 Muster 33 bis Anfang 1972 gebaut worden. Das Muster A36 Bonanza ist im allgemeinen identisch mit der F33A, hat jedoch einen längeren Rumpf, um aus ihr einen vollwertigen 6-Sitzer zu machen sowie eine Doppeltür für bequemere Frachtzuladung; bis März 1974 sind 492 Stück gebaut worden.

Beechcraft Musketeer (und Sierra A24R, Sundowner C23 und Sport B19) — USA

Der Prototyp dieser Familie von billigen Ganzmetall-Leichtflugzeugen flog am 23. Oktober 1961. Anfangs hatten alle Musketeer ein festes Fahrgestell, die 1971er Modelle dieses Typs waren 4/6-sitzige Musketeer Custom mit 180 PS Lycoming O-360-A4G Motor; die 2-sitzige (wahlweise 4-sitzige) Musketeer Sport mit 150

Daten: Sundowner
Photo: Sport
Spannweite: 9,98 m
Länge: 7,84 m
Fluggewicht: 1111 kg
Reisegeschwindigkeit:
198–230 km/h
Reichweite: 1102–1348 km
mit Reserven

PS O-320-E2C; und die 4/6sitzige Musketeer Super mit dem 200 PS IO-360-A2B Motor. Es gab Kunstflugtaugliche Versionen der Custom und Sport; die Super R unterschied sich von der Super dadurch, daß sie ein einziehbares Fahrgestell und einen Propeller von gleichbleibender Drehzahl hatte. Im Jahre 1972 wurde die Musketeereihe umbenannt, wobei die Super R die Sierra und die Custom die Sundowner wurde. Die Sport behielt ihren Namen bei. Später wurden Zusatzzahlen diesem Namen beigefügt, um die Motorleistung anzugeben. Insgesamt 2412 Musketeer und Nachfolgemuster wurden bis Anfang 1974 gebaut.

Bellanca (und Downer) 14,19-2 Cruisemaster — USA

Daten: Downer 14-19-2
Spannweite: 10,41 m
Länge: 6,98 m
Fluggewicht: 1225 kg
Reichweite: 1287 km bei
315 km/h

Die Entwicklung dieses Flugzeuges begann mit der 3-sitzigen Bellanca 14-9 von 1937 mit wahlweise 90 PS Rearwin und 100 PS Lycoming Motoren. Die ersten Nachkriegsmuster waren die 4-sitzige 14-13 Cruisair und 14-19 Cruisemaster, von denen zahlreiche Maschinen immer noch fliegen. Die letzte Version war die Model 14-19-2 mit 230 PS Continental O-470-K Motor, von der 104 Stück von der Downer Aircraft Co gebaut wurden, nachdem sie die Fertigungsrechte von Bellanca erworben hatte.

Bellanca Model 7ACA Champ — USA

Spannweite: 10,70 m
Länge: 6,63 m
Fluggewicht: 553 kg
max. Reisegeschwindigkeit: 138 km/h
max. Reichweite: 483 km

Als billigstes Leichtflugzeug, das in neuester Zeit in Amerika gebaut wurde, ist dieser Zweisitzer mit holzbeplanktem Metallrumpf die 1971 wiedererstandene Aeronca 7AC, von der 1946–48 mehr als 7200 Stück gebaut wurden. Hauptunterschied ist die Verwendung eines 60 PS Franklin 2A-120-B Motors anstelle des ursprünglichen 65 PS Continental, der nicht länger zu Verfügung steht. Dieser Motor ist neu verkleidet, wodurch die Sichtverhältnisse verbessert wurden; und der Champ hat ebenfalls leichte ausladende Fahrgestellbeine aus Federstahl.

Bellanca 260 (und Viking 300) — USA

Photo: Viking 300
Daten: Super Viking 300
Spannweite: 10,41 m
Länge: 7,16 m
Fluggewicht: 1508 kg
Reisegeschwindigkeit: 306–312 km/h
max. Reichweite: 1513 km

Am 15. November 1958 flog die Downer Aircraft den Prototyp einer verbesserten Version der Cruisemaster unter der Bezeichnung Bellanca 260 Muster 14-19-3 mit 260 PS Continental IO-470-F Motor und Dreibeinfahrgestell. Nach einer Periode der Massenproduktion wurde die Konstruktion weiter verfeinert, um ein einfaches Seitenleitwerk anstelle des ursprünglichen Dreifach-Seitenleitwerks zu bringen. Die Fertigungsrechte der neuen Version wurden von der Bellanca Aircraft Corp übernommen, die zur Zeit eine verfeinerte Version als die Super Viking 300 mit 300 PS Continental IO-520-D oder Lycoming IO-540 Motor und die Turbo Viking mit 310 PS Lycoming TIO-540 herstellt.

Bölkow (Klemm) Kl 170 und Bölkow 20 Deutschland

Photo und Daten:
Bölkow 207
Spannweite: 10,82 m
Länge: 8,30 m
Fluggewicht: 1200 kg
Reichweite: 1250 km bei 200 km/h

Die Grundkonstruktion der Kl 107 wurde von Klemm während des Krieges entwickelt, aber der Prototyp flog erst mit 90 PS Continental C90 Motor im Jahre 1955. Ein Jahr später erschien die 3-sitzige Kl 107B mit 150 PS Lycoming Motor. Die Produktionsrechte wurden von Bölkow erworben, die 150 verbesserte Kl 107C mit demselben Motor bauten. Letzteres Serienmodell war die weiter verfeinerte 4-sitzige Bölkow 207, wie beschrieben und abgebildet, mit 180 PS Lycoming O-360-A1A Motor, geändertem Tragflügel, überarbeiteter Kanzel und überarbeitetem Leitwerk. Alle diese Flugzeuge sind in Holzbauweise hergestellt.

Bölkow BO 208/MFI-9 Junior Deutschland/Schweden

Photo und Daten: BO 208C
Spannweite: 8,02 m
Länge: 5,79 m
Fluggewicht: 630 kg
max. Reisegeschwindigkeit: 204 km/h
max. Reichweite: 1000 km

Der Prototyp dieses ultraleichten Zweisitzers wurde im Amateurbau von Bjorn Andreasson in den USA hergestellt und machte am 10. Oktober 1958 seinen Erstflug. Andreasson wurde später Leiter der Flugzeugabteilung der schwedischen Malmö Co, die das Flugzeug als die MFI-9 Junior mit 100 PS Rolls-Royce/Continental O-200 Motor in die Produktion nahm. Die Nachbaurechte wurden von Bölkow erworben, die etwa 200 Flugzeuge mit der Grundbezeichnung BO 208 bauten, bevor die Produktion 1969/70 auslief. Malmö stellte 25 Stück fertig, bevor sie sich auf die hauptsächlich für militärische Verwendung vorgesehene MFI-9B Trainer umstellte.

Bücker Bü 131 B Jungmann — Deutschland

Photo: Lerche
Daten: Bü 131B Jungmann
Spannweite: 7,39 m
Länge: 6,60 m
Fulggewicht: 670 kg
max. Reisegeschwindigkeit: 171 km/h
max. Reichweite: 643 km

Der Prototyp dieses kunstflugtauglichen Doppeldeckers mit zwei hintereinander liegenden Sitzen flog am 27. April 1934. Zahlreiche Exemplare der ursprünglichen Bü 131A (80PS Hirth HM.60R) wurden gebaut, denen im Jahre 1936 die Bü 131B mit 105 PS Hirth HM.504A Motor folgten, die in Deutschland, der Tschechoslowakei, der Schweiz und (sowohl vor als auch nach dem Kriege) in Spanien gebaut wurden. Viele Maschinen fliegen immer noch, darunter in Spanien gebaute frühere Militär-Muster unter der Bezeichnung CASA 1.131E mit 125 PS ENMA Tigre G-IV Motoren. Andere Flugzeuge wurden auf 180 PS Lycoming IO-360 Motoren in der Schweiz umgerüstet, ein typischer Umbau dieser Art ist die Dätwyler Bücker/Dubs Lerche mit neuen Tragflächen zur Verbesserung der Rückenflugeigenschaften.

Bücker Bü 133 Jungmeister — Deutschland

Photo und Daten:
Bü 133D-1
Spannweite: 6,60 m
Länge: 6,02 m
Fluggewicht: 640 kg
Reisegeschwindigkeit: 140–200 km/h
Reichweite: 500 km mit Reserven

Obwohl die Konstruktion auf das Jahr 1935 zurückgeht, wird die Jungmeister als Einsitzer für Fortgeschrittenen-Kunstflug noch immer so hoch eingeschätzt, daß sie eine Zeit lang in Deutsch-

land von der Aero Technik Canary wieder in die Produktion genommen wurde.
Zwei Versionen standen zur Verfügung. Die Bü 133D-1 mit 160 PS Siemens Halske Sh-14A4 (Bramo) ist in Wirklichkeit nicht geändert. Die Bü 133F, die am 1. Oktober 1969 zuerst geflogen wurde, hat einen moderneren 220 PS Franklin 6A-350-C1 Boxer-Motor und verbesserte Flugeigenschaften, behält aber die traditionelle »Stern«-Motor-Verkleidung bei.

CERVA CE.43 Guépard — Frankreich

Spannweite: 10,00 m
Länge: 7,80 m
Fluggewicht: 1420 kg
max. Reisegeschwindigkeit: 310 km/h
max. Reichweite: 2800 km

Die viersitzige CE.43 Guépard ist im Grunde eine Ganzmetall-Version der Wassmer WA 4/21 mit demselben 250 PS Lycoming-IO-540 Motor. Der Prototyp flog zum erstenmal am 18. Mai 1971 und wurde wenige Wochen später von dem Cerva Konsortium, in dem die WassmerAviation und Siren SA jeweils gleiche Anteile besitzen, auf der Pariser Luftfahrschau ausgestellt. Ein erstes Fertigungslos von zehn Maschinen war 1974 im Bau, davon wurde einem mit dem 285 PS Teledyne Continental Tiara Motor ausgerüstet.

Cessna Muster 120, 140 und 170 — USA

Die zweisitzige Model 120 mit nebeneinander angeordneten Sitzen war die erste der Nachkriegskonstruktionen von Cessna für den zivilen Markt, insgesamt wurden von 1946–48 2164 Stück gebaut, die von einem 85 PS Continental C85-12 oer 12F Motor angetrieben wurden. In Parallelproduktion war das Muster 140, das sich durch handbetätigte Klappen, einem Anlasser und einem Generator unterschied. Das Muster 140 konnte auch wahlweise mit inem 90 PS Continental C90-12F Motor ausgerüstet werden.

Photo: Cessna 140A
Daten: Muster 140 (65 PS)
Spannweite: 10,00 m
Länge: 6,39 m
Fluggewicht: 658 kg
Reichweite: 724 km bei 164 km/h

Sowohl die 120 als auch die 140 wurden im Jahr 1948 von dem Muster 140A abgelöst, das dieselbe Auswahl an Motoren, Blechbeplankung anstelle der Stoffbespannung auf den Flügeln sowie anstelle der früheren V-Streben eine einzige Strebe an jeder Rumpfseite aufwies. Insgesamt 5560 140/140 wurden gebaut. Ein großer Teil davon wird weiterhin geflogen, zusammen mit vielen Hunderten des Musters 120. Von 1948–56 gleichfalls in Produktion war die Cessna 170, ein 4-sitziges Gegenstück zum Muster 120/140 mit 145 PS Continental C145-2 Motor. Eine große Anzahl der 517 gebauten Flugzeuge sind weiter flugtauglich.

Cessna Muster 150 — USA

Photo: FA-150
Daten: Muster A150
Spannweite: 9,97 m
Länge: 7,24 m
Fluggewicht: 726 kg
Reisegeschwindigkeit: 149–188 km/h
Reichweite: 767–1165 km

Insgesamt 19231 Stück dieses kleinen Zweisitzers mit nebeneinander angeordneten Sitzen sind bis Anfang 1974 gebaut worden. Das Erscheinen des Prototyps im September 1957 markierte Cessnas Wiedereintritt in den Zweisitzermarkt nach einer siebenjährigen Pause. Angetrieben von einem 100 PS Continental O-200-A Kolbenmotor folgte sie der wohlbekannten Cessna-Formel eines Ganzmetall-Hochdeckers mit Dreibeinfahrgestell. Zu den Detail-Verfeinerungen nach einigen Jahren gehörte das gepfeilte Seitenleitwerk, der abgesetzte hintere Rumpf mit Panorama-Rückfenster und auf Wunsch ein hinterer »Familien«-Sitz für zwei kleine Kinder. Das Muster 150 wird in Standard-, Schul- und Zubringerflugzeug-Versionen auf Rädern oder Schwimmern und als Spezial-Kunstflugzeug als die A150K Aerobat angeboten. Das Zubringerflugzeug hat eine geringfügig vergrößerte Spannweite. In Frankreich von Reims Aviation gebaute Versionen haben die Bezeichnung F-150 und FA-150 Aerobat; weitere Maschinen werden in Argentinien gebaut.

Cessna Muster 172 (und Skyhawk, 175, Skylark, 182, Skylane und Reims Rocket) USA

Photo: Skyhawk
Daten: Skylane
Spannweite: 10,92 m
Länge: 8,59 m
Fluggewicht: 1338 kg
Reisegeschwindigkeit: 185–257 km/h
Reichweite: 1110–1866 km

Die 172 und weitere oben aufgeführte Muster vertreten Cessnas »mittlere Linie« von Ganzmetall-Viersitzern mit wahlweisem Familiensitz für zwei kleine Kinder. Das 1974er Muster 172 hat einen 150 PS Lycoming O-320-E2D Motor und wird in Frankreich als F.172 von Reims Aviation gebaut. Die Skyhawk ist eine Luxusversion der 172. Das Muster 175 und die Skylark, die nicht mehr produziert werden, haben einen 175 PS GO-300 Motor. Die 182 und Skylane sind Standard- und Luxus-Modelle mit einem 230 PS Continental O-470-R. Bis Januar 1974 sind insgesamt 20014 172/Skyhawks und 13778 182/Skylane ausgeliefert worden, dazu kommen 947 in Frankreich gebaute F-172 und 447 Reims Rocket (210 PS Continental IO-360-D). Das Muster 182 wird ebenfalls in Argentinien gebaut.

Cessna Muster 177 (und Cardinal) USA

Die im September 1967 in das Cessna-Angebot eingeführten Modelle 177 und die Luxus-Ausführung Cardinal sind im Grunde 4-Sitzer (dazu auf Wunsch einen Sitz für zwei Kinder) mit dem

Photo und Daten:
Cardinal RG.
Spannweite: 10,82 m
Länge: 8,31 m
Fluggewicht: 1270 kg
Reisegeschwindigkeit:
225–275 km/h
Reichweite: 1260–1615 km

Tragflügel in Hochdecker-Anordnung und festem Dreibeinfahrgestell. Die ursprünglichen Versionen hatten einen 150 PS Lycoming Motor, der jedoch einem 180 PS Lycoming O-360-A2F im 1969er Modell 177A Platz machte. Das neueste Muster, die 177B, hat einen O-360-A1F Motor und eine neue Flügelvorderkante nach dem Knickflügelkonzept. Die Baureihe wurde im Dezember 1970 durch die Cardinal RG ergänzt, welche sich vom Standard-Muster durch das einziehbare Fahrgestell und den 200 PS AIO-360-A1A Motor unterscheidet; technische Daten für dieses Muster werden hier angegeben. Bis Anfang 1974 sind insgesamt 2050 Muster-Maschinen 177/Cardinal und 398 Cardinal RG ausgeliefert worden.

Cessna Muster 180 und 185 Skywagon — USA

Photo: Muster 185
Daten: Muster 180
Spannweite: 10,92 m
Länge: 7,85 m
Fluggewicht: 1270 kg
Reisegeschwindigkeit:
195–261 km/h
Reichweite: 1118–1955 km

Die beiden Versionen der Skywagon sind im allgemeinen gleich, außer was die Triebwerke anbelangt, die 180 hat einen 230 PS Continental O-470-R Motor, während die 185 einen 300 PS Continental IO-520-D besitzt. Die Flugzeuge können jeweils bis zu 6 Personen in paarweise angeordneten Sitzen befördern. Für den Frachttransport besteht die Alternativmöglichkeit, die Sitze auszubauen. Ein abnehmbarer Gepäckbehälter mit einer Kapazität von 136 kg kann unter dem Rumpf der 185 mitgeführt werden, und die A185 Version zur Verwendung als Landwirtschaftsflugzeug hat die Bezeichnung AGcarryall. Auslieferungen bis Januar 1974 kamen auf insgesamt 5424 Muster 180 und 2321 Muster 185.

Cessna Muster 188 AGwagon und AGtruck USA

Photo: AGwagon
Daten: AGtruck
Spannweite: 12,70 m
Länge: 7,69 m
Fluggewicht: 1723 kg
Reichweite: 625–764 km

Der AGwagon Prototyp flog zum erstenmal am 19. Februar 1965, und zwei Versionen gingen in Produktion. Der AGwagon »B« Grundtyp hat einen 230 PS Continental O-470-R Motor, und wahlweise zur Verfügung steht ein leistungsstärkeres Modell mit einem 300 PS Continental IO-520-D Motor und einem Fluggewicht von 1820 kg. Das Basis-Muster wurde 1971 in AGpickup umbenannt; die 300 PS Version wurde die AGwagon und eine Version mit vergrößertem Chemikalienbehälter die AGtruck, alle mit gleichen Abmessungen. Auslieferungen der AG-Serie kamen insgesamt bis Anfang 1974 auf 1461 Stück.

Cessna Muster 195 (und 190) USA

Photo und Daten:
Muster 195
Spannweite: 11,02 m
Länge: 8,33 m
Fluggewicht: 1520 kg
Reichweite: 1202 km bei 265 km/h

Zwischen 1947 und 1954 stellte Cessna insgesamt 890 Maschinen der Muster 195 und 195A her, die von einem 300 PS Jacobs R-755-A2 bzw. einem 245 Jacobs Rn-744-A2 Motor angetrieben wurden. Zu gleicher Zeit wurden 233 Muster 190 gebaut, die abgesehen von ihren 240 PS Continental R-670-23 Motor allgemein gleich waren. Alle Maschinen waren 4/5-Sitzer mit den jetzt wohlbekannten, herausstehenden Cessna-Fahrgestellbeinen aus Federstahl, die von Steve Wittman konstruiert wurden. Viele Exemplare fliegen immer noch in den USA.

Cessna Stationair (und Muster 206 Skywagon/Super Skylane) USA

Photo und Daten:
Stationair
Spannweite: 10,92 m
Länge: 8,53 m
Fluggewicht: 1633 kg
Reisegeschwindigkeit:
211–264 km/h
Reichweite: 1045–1640 km

1970 führte Cessna die Bezeichnungen Stationair und Turbo-Stationair anstelle der früheren U206 Skywagon und TU206 Turbo-Skywagon ein, um die Unterschiede zwischen diesen sechssitzigen Fracht/Mehrzweckflugzeugen und den Mustern 180 und 185 Skywagon zu betonen. Sie haben ein gepfeiltes Seitenleitwerk, Dreibeinfahrgestell, größere Klappen und Höhenleitwerksflächen und eine doppelte Frachttür. Die Stationair (und früher U206) hat einen 300 PS Continental IO-520-F Motor; die Turbo-Stationair (und TU-206) ist außer ihrem 285 PS Continental TSIO-520-C Motor gleich. Weitere nicht mehr produzierte Muster sind die P206 und TP206 Super Skylane Luxus-Passagier-Versionen ohne Frachttür bzw. mit einem 285 PS IO-520-A oder TSIO-520-C Motor. Alle diese Flugzeuge können unter dem Rumpf Frachtgepäck befördern. Die Auslieferungen bis Januar 1974 kamen auf insgesamt 2251 Muster 206 Skywagon und Stationair und 643 Super Skylane.

Cessna Muster 210 Centurion USA

Photo und Daten:
Centurion II
Spannweite: 11,20 m
Länge: 8,61 m
Fluggewicht: 1724 kg
Reisegeschwindigkeit:
248 – 303 km/h
Reichweite: 1230–2010 km

Der im Januar 1957 geflogene Cessna 210 Prototyp war das erste Cessna Hochdecker-Leichtflugzeug mit einziehbarem Fahrgestell.

Die FAA Typ-Zulassung erhielt das Werk am 23. August 1966. Die 1967er Modelle setzten durch Wegfall der Flügelstreben weiter neue Akzente, was einen echten Hochdecker-Tragflügel ergab. Die derzeitigen Grundversionen sind das Muster 210 Centurion I mit 300 PS Continental IO-520-A Motor und sechs paarweise angeordneten Sitzen, und die T210 Turbo-System Centurion I, welche sich durch ihren aufgeladenen 285 PS TSIO-520-C Motor unterschied. Die äußerlich identische Centurion II und Turbo-System Centurion II haben als Standardausrüstung ein werksseitig eingebautes Avionik-Paket, Kreiselkompaß, Doppelsteuer und andere Verfeinerungen. Insgesamt wurden 3201 Muster 210 aller Typen bis Januar 1973 ausgeliefert.

Champion Citabria (und Scout und Decathlon) USA

Daten:
Muster 7KCAB Citabria
Spannweite: 10,19
Länge: 6,91 m
Fluggewicht: 748 kg
max. Reisegeschwindigkeit: 200 km/h
Reichweite: 865 km bei 200 km/h

Der Name Citabria bedeutet rückwärtsbuchstabiert »kunstflugtauglich«, was die besondere Wendigkeit dieser fortgeschrittenen Entwicklung der alten Aeronca Champion Familie (siehe Seite 103) betonen soll. Es ist ein Tandem-Zweisitzer mit Tragflügel in Holz-Metall-Gemischtbauweise, und einem ganz mit Stoff bespannten Stahlrohrrumpf. Derzeitige Modelle sind die 7ECA mit 115 PS Lycoming O-235-C1 Motor und auf Wunsch mit Schwimmern oder Skiern lieferbar; das Muster ZGCAA mit 150 PS Lycoming O-320-A2B und das Muster 7KCAB mit dem 150 PS IO-320-E2A Motor sowie Kraftstoff- und Schmiersystemen für längeren Rückenflug. Das Muster 7GCB Scout ist ein Mehrzweck/Sprüh-Flugzeug mit einer Spannweite von 10,50 m, Zusatzklappen und einem O-230-A2B Motor. Das identische Muster 8KCAB Decathlon ist ein voll kunstflugtaugliches Wettkampfflugzeug, hat einen 150 PS IO-320-E1A Motor und 9,75 m Spannweite. Alle Champion Flugzeuge werden von Bellanca vertrieben.

Cook JC-1 Challenger — USA

Spannweite: 8,23 m
Länge: 6,71 m
Fluggewicht: 975 kg
Reisegeschwindigkeit: 201–233 km/h
max. Reichweite: 1115 km

Erstmals im Mai 1969 geflogen, ist die Challenger ein Ganzmetall-Viersitzer, der genügend Festigkeit besitzt, um mit zwei Personen an Bord Kunstflug-Figuren zu fliegen. Schlitzflügel und Handley-Page-Klappen ermöglichen ein Abheben nach 189 m und eine Landung nach 122 m mit voller Zuladung. Der Motor ist ein 150 PS Lycoming O-320-E2A. Bis Frühjahr 1973 wurden drei Prototypen geflogen, und es wurden Bestellungen für 20 Serien-Challenger entgegengenommen.

De Havilland D.H.82A Tiger Moth (und Thruxton Jackaroo) — Großbritannien

Photo und Daten:
Tiger Moth
Spannweite: 8,94 m
Länge: 7,29 m
Fluggewicht: 828 kg
Reichweite: 460 km bei 145 km/h

Ein paar zivile Tiger Moth aus der Vorkriegszeit fliegen noch immer, nachdem sie den ganzen Krieg über bei der RAF im Dienst standen, zusammen mit einer schwindenden Zahl von während des Krieges gebauten Schulflugzeugen, die nach Kriegsende nach dem RAF-Einsatz demobilisiert worden sind. Der Motor ist der 130 PS Gipsy Major 1. Ein paar D.H.60 Moth Veteranen ohne gepfeilte Flügel fliegen ebenfalls noch. Die Jackaroo ist eine Tiger Moth, bei welcher die Rumpfmitte erweitert und umbaut wurde, um zwei Paar Sitze in einer geschlossenen Kabine unterzubringen. Der breitere Rumpf vergrößert die Spannweite auf 9,25 m. Relativ wenige Maschinen wurden umgebaut und nur eine Hand voll blieben flugbereit.

De Havilland D.H.87B Hornet Moth — Großbritannien

Spannweite: 9,73 m
Länge: 7,60 m
Fluggewicht: 907 kg
Reichweite: 1000 km bei 170 km/h

Dieses Produkt von 1934 war in Wirklichkeit eine zweisitzige (mit nebeneinanderliegenden Sitzen) Doppeldecker-Ausgabe der Leopard Moth, welche die D.H.60 Moth ersetzen sollte. Ursprünglich hatten die Tragflächen ausgeprägte Trapezform (D.H.87A), jedoch wurden die meisten der ersten Maschinen mit den mehr rechteckigen Flügeln der D.H.87B im Jahre 1936 umgerüstet. Mehr als ein Dutzend fliegen in England noch immer und einige weitere in Übersee mit dem 130 PS Gipsy Major 1 Motor als Antrieb.

De Havilland DHC-1 Chipmunk — Kanada/Großbritannien

Photo: Chipmunk 22
Spannweite: 10,47 m
Länge: 7,82 m
Fluggewicht: 997 kg
Reichweite: 470 km bei 200 km/h

Die kanadische Tochtergesellschaft von De Havilland konstruierte die Chipmunk als ihre erste Entwurfsaufgabe für eine Originalkonstruktion. Der Prototyp wurde zuerst am 22. Mai 1946 geflogen, und die kanadische Produktion kam insgesamt auf 158 Stück für zivilen Gebrauch und 60 für die kanadische Luftwaffe als Chipmunk T.30. Weitere 60 wurden in Lizenz von der OGMA in Portugal hergestellt. Für die Anforderungen der RAF nach einem neuen Anfänger-Schulflugzeug kam die Chipmunk als T.10 in England in die Fertigung. Die zweisitzige Chipmunk 21 wurde in

Großbritannien für den zivilen Gebrauch mit dem 145 PS Gipsy Major 10 Mk 2 Motor als Antrieb aus beschädigten Maschinen gebaut; Chipmunk 22 sind frühere RAF Mk 10 Schulflugzeuge. Chipmunk 22A haben zusätzlichen Kraftstoff, und die Chipmunk 23 ist eine abgeänderte einsitzige Landwirtschafts-Flugzeugversion. Außerdem sind Bristol »Tourer-Umbauten« der Mk 22A mit erweiterter Haube und anderen Verfeinerungen zu sehen, die der Maschine eine Reisegeschwindigkeit von 234 km/h verleihen.

DINFIA IA 46 Muster 66 Super Ranquel — Argentinien

Photo und Daten:
Super Ranquel
Spannweite: 11,61 m
Länge: 7,44 m
Fluggewicht: 1260 kg
Reichweite: 652 km bei 171 km/h

Der ursprüngliche Ranquel Prototyp flog am 23. Dezember 1957, und bis Anfang April 1966 wurden 100 Maschinen gebaut. Letzte Serienversionen waren die Standard Ranquel mit 150 PS Lycoming O-320-A2B Motor und die Super Ranquel mit dem 180 PS Lycoming O-360- A2A. Ein 400 Liter Tank für landwirtschaftliche Chemikalien kann an der Rumpfunterseite ohne Verringerung des Innenraums der 3-sitzigen Kabine bei der Super Ranquel angebracht werden. DINFIA flog den Prototyp einer verbesserten Version als IA51 Tehuelche mit O-360 Motor und blechbeplankten statt stoffbespannten Flügeln; die gesamte Ranquel Produktion endete jedoch im Dezember 1968, und es wurden keine weiteren IA51 mehr gebaut.

Embraer EMB-200 und 201 Ipanema — Brasilien

Die Entwicklung dieses einsitzigen Landwirtschaftsflugzeugs wurde im Mai 1966 von der PAR-Departamento de Aeronaves des nationalen technischen Luft- und Raumfahrtzentrums nach

Photo und Daten: EMB-200
Spannweite: 11,20 m
Länge: 7,43 m
Fluggewicht: 1550 kg
Reisegeschwindigkeit: 194 km/h
max. Reichweite: 900 km

den vom brasilianischen Landwirtschaftsministerium niedergelegten Spezifikationen begonnen. Als einige Monate später die Firma Embraer gebildet wurde, übernahm sie die Verantwortlichkeit für die Ipanema. Der Prototyp flog zum erstenmal am 30. Juli 1970 und Serienauslieferungen fanden 1973 statt. Der Motor ist ein 360 PS Lycoming O-540-H2A5; Chemikalien-Zuladung 550 kg. Vom 74. Flugzeug an konzentrierte sich die Produktion auf die EMB-201 mit 300 PS Lycoming IO-540 Motor.

Fairchild F-24W — USA

Photo und Daten: F-24W-41A
Spannweite: 11,07 m
Länge: 7,24 m
Fluggewicht: 1162 kg
Reichweite: 1030 km bei 190 km/h

Viele F-24W sind auf der ganzen Welt im zivilen Einsatz geblieben, meist aus der F-24W-41/41A Baureihe, die im zweiten Weltkrieg für Verbindungsflüge bei der USAAF und ihren Allierten produziert und als UC-61/61A eingesetzt wurden. Diese und zivile Nachkriegs-F-24W- 46 sind 4-Sitzer mit dem 165 PS Warner Super Scarab 165 Motor. Frühere Muster mit dem 145 PS Super Scarab, dem 175 PS Ranger (F-24R) und anderen Motoren sind ebenfalls noch zu sehen, besonders in den USA. Der britische Name für die F-24 ist Argus.

FFA AS.202 Bravo **Schweiz**

Photo und Daten:
AS.202/15
Spannweite: 9,75 m
Länge: 7,50 m
Fluggewicht: 999 kg
Reisegeschwindigkeit:
205 km/h
max. Reichweite: 925 km

Dieses Leichtflugzeug sollte ursprünglich sowohl in der Schweiz als auch in Italien im Fertigungsverbund der Flug- und Fahrzeugwerke und SIAI-Marchetti produziert werden. Statt dessen führen die FFA jetzt die gesamte Fertigung und den Vertrieb durch. Der erste Prototyp war eine AS.202/15 mit 150 PS Lycoming O-320-E2A Motor, 2/3 Sitzen und sollte am 7. März 1969 fliegen. Ihm folgte ein in Italien montierter Zweisitzer des Musters AS.202/10 mit 115 PS Lycoming O-235-C2A Motor. Zwei weitere in der Schweiz gebaute Prototypen flogen 1969/70. Nach Modifizierung des Leitwerks und weiteren Änderungen zur Verbesserung der Handhabung bei der Schulung wurde eine erste Serie von 50 AS.202/15 im Werk Altenrhein in Produktion genommen.

FIAT G.46 **Italien**

Photo: G.46-3B
Daten: G.46-4B
Spannweite: 10,39 m
Länge: 8,48 m
Fluggewicht: 1406 kg
Reichweite: 1000 km bei
250 km/h

Fiat baute von 1947–52 insgesamt 150 G.46 Anfänger-Schulflugzeuge für die italienische Luftwaffe in fünf Versionen. Dies waren der Tandem-Zweisitzer G.46-B (205 PS Alfa Romeo 115 bis Motor), die Einsitzer G.46-3A und 4A und die Zweisitzer G.46-3B und 4B (alle mit 225 PS Alfa Romeo 115-1 ter). Als sie nicht länger bei der italienischen Luftwaffe gefragt waren, wurden viele Maschinen an private Eigner verkauft, und eine ziemliche Anzahl ist immer noch im italienischen Flugzeugregister.

Fleet 80 Canuck — Kanada

Spannweite: 10,36 m
Länge: 6,80 m
Fluggewicht: 645 kg
Reichweite: 645 km bei 160 km/h

Die für den Einsatz im kanadischen Busch und andererorts konstruierte Canuck ist ein robuster Tandem-Zweisitzer mit stoffbespanntem Ganzmetallrahmen. Sie ging unmittelbar nach dem Kriege in Produktion, und in zwei Jahren wurden 210 Stück mit dem 85 PS Continental C-8512J Motor als Antrieb gebaut. Eine große Anzahl ist immer noch zugelassen. Die Verwendung sowohl von normalen Fahrwerken als auch Schwimmern und Skiern ist möglich.

Fokker S.11 Instructor (und Macchi M.416) — Niederlande/Italien

Photo: Macchi M.416
Spanweite: 10,09 m
Länge: 8,13 m
Fluggewicht: 1100 kg
Reichweite: 645 km bei 165 km/h

Das Anfänger-Schulflugzeug S.11 Instructor mit zwei nebeneinander angeordneten Sitzen wurde zuerst im Jahre 1947 geflogen. Es wird in Holland für die niederländischen und israelischen Luftstreitkräfte und in Brasilien für die brasilianische Luftwaffe produziert. Eine Version mit Dreibeinfahrgestell wird als S.12 ebenfalls in Brasilien hergestellt. Weitere 150 S.11 wurden in Lizenz als Macchi M.416 in Italien produziert. Standard-Triebwerk für alle diese Maschinen war der 190 PS Lycoming O-435-A Motor. Nachdem sie beim Militär Überschuß geworden waren, sind viele der Macchi M.416 an italienische Fliegerclubs und Flugschulen verkauft worden, bei denen sie weiter geflogen werden.

Fuji FA-200 Aero Subaru — Japan

Photo und Daten:
FA-200-180
Spannweite: 9,42 m
Länge: 8,17 m
Fluggewicht: 1150 kg
Reisegeschwindigkeit: 165–205 km/h
max. Reichweite: 1400 km

Der Prototyp dieses viersitzigen Ganzmetall-Leichtflugzeuges machte am 12. August 1965 seinen Erstflug. Nach der Flugerprobung und einigen Verfeinerungen der Konstruktion wurden zwei Versionen in die Produktion genommen: die FA-200-160 hat einen 160 PS Lycoming O-320-D2A Motor; die FA-200-180 hat einen 180 PS Lycoming IO-360-B1B. Beide Typen sind auch als Zweisitzer in der Kunstflugzeug-Kategorie zugelassen. Insgesamt 243 Aero Subaru sind bis Februar 1974 fertiggestellt worden.

Gazuit-Valladeau Gazelle — Frankreich

Der Prototyp dieses Ganzmetall-Leichtflugzeuges flog als GV 103L zum erstenmal am 1. Mai 1969. Die Absicht war, ein billiges, wirtschaftliches und einfach zu fliegendes Flugzeug für Clubs und private Eigner zu produzieren. Nach Flugversuchen mit einem zweiten Prototyp wurde die Produktion aufgenommen, wobei der Beginn der Auslieferungen für 1974 geplant war. Es gibt drei Serienversionen, den Basistyp, GV 1020 mit 2 Sitzen und 115 PS

Photo: GV 1031
Daten: GV 1020
Spannweite: 8,75 m
Länge: 6,64 m
Fluggewicht: 750 kg
max. Reisegeschwindigkeit: 190 km/h
max. Reichweite: 750 km

Lycoming Motor, die 3-sitzige GV 1031 mit 150 PS Lycoming (wie in dem zweiten Prototyp eingebaut) und die 4-stzige GV 1032 mit dem 130 PS Rolls-Royce/Continental Motor.

Grumman American AA-1 Yankee (und AA-2 Patriot und AA-5 Traveler) — USA

Photo: AA-5 Traveler
Daten: AA-1 Yankee
Spannweite: 7,47 m
Länge: 5,87 m
Fluggewicht: 680 kg
Reisegeschwindigkeit: 185–215 km/h
max. Reichweite: 829 km

Ursprünglich von Jim Bede konstruiert, flog der Prototyp dieses Zweisitzers als BD-1 zuerst am 11. Juli 1963. Die American Aviation Corporation wurde 1964 gegründet, um diesen Flugzeugtyp unter der Bezeichnung AA-1 Yankee zu produzieren, unter Anwendung so fortschrittlicher Verfahren wie das Kleben von Metall an Metall und die Verwendung von Aluminium-Honigwaben für die Rumpfbeplankung. Die erste Serien-Yankee flog am 30. Mai 1968 mit dem 108 PS Lycoming O-235-C2C Motor und bis März 1972 wurden 456 Maschinen gebaut. Weiterentwicklungen sind die AA-1A Trainer und das Luxusmodell Tr-2 sowie die 4-sitzige AA-0 Traveler mit 150 PS Lycoming O-320-E2G Motor. Die American Aviation wurde im Jahre 1972 von Grumman erworben.

Grumman American Ag-Cat und Super Ag-Cat — USA

Daten: Super Ag-Cat
Spannweite: 10,95 m
Länge: 7,39 m
Fluggewicht: 2755 kg
Arbeitsgeschwindigkeit: 130–170 km/h

Die ursprüngliche G-164 Ag-Cat machte am 22. Mai 1967 ihren Erstflug. Die Mengenfertigung wurde von der Schweizer Aircraft aufgenommen, und in den ersten sechs Einsatzjahren verbuchten die Ag-Cat in den USA mehr als eine Million Flugstunden ohne einen tödlichen Unfall. Das erste Serienmodell hatte einen 220–225 PS Continental W-670 Sternmotor und ein Startgewicht von 1.633 kg. Ihm folgten ersionen mit den 240 PS GVulf Coast W-670 und 245–300 PS Jacobs R-755 Motoren, und darauf die G-164A Super AG-Cat mit Jacobs R-755, 450 PS Pratt & Whitney R 985 (Daten siehe oben) oder 600 PS Pratt & Whitney R-1340 Motor. Die Produktion wird jetzt von der Grumman American Aviation Division abgewickelt.

HAL Hul-26 Pushpak — Indien

Spannweite: 10,97 m
Länge: 6,40 m
Fluggewicht: 612 kg
Reisegeschwindigkeit: 113–137 km/h
Reichweite: 400 km bei 115 km/h

Hindustan Aeronautics konstruierte dieses zweisitzige Leichtflugzeug als ein billiges im eigenen Lande gebautes Schulflugzeug für die indischen Fliegerclubs. Der Prototyp flog zum erstenmal am 28. September 1958, und es wurden insgesamt 150 Maschinen ausgeliefert. Die Zelle ist ein stoffbespannter Metallrahmen.

Standard-Triebwerk ist ein 90 PS Continental C90-8F, eine Pushpak jedoch wurde versuchsweise mit einem 90 PS P.E.90 Motor eigener Konstruktion ausgerüstet. Die militärische Krishak, welche bei der indischen Luftwaffe verwendet wurde, war eine abgeleitete Version.

HAL HA-31 Mk. II Basant — Indien

Spannweite: 12,00 m
Länge: 9,00 m
Fluggewicht: 2270 kg
max. Reisegeschwindigkeit: 185 km/h
Reichweite: 645 km

Hindustan Aeronautics konstruierte das erste eigene Landwirtschaftsflugzeug Mitte 1968. Diese Maschine, die HA-31 Mk I flog als Prototyp im Jahre 1969, war jedoch kein Erfolg. Eine vollständig neue Konstruktion wurde daher unter der Bezeichnung HS-31 Mk II entwickelt und mit einem 400 PS Lycoming IO-720-C1B Motor ausgestattet. Dieses Flugzeug machte am 30. März 1972 seinen Erstflug. Ein zweiter Prototyp sowie eine kleine Anzahl von Vorserienflugzeugen wurden später gebaut.

IAR-821, 822, 826, 827 — Rumänien

Photo: IAR-822
Daten: IAR-826
Spannweite: 12,80 m
Länge: 9,40 m
Fluggewicht: 1900 kg
Reisegeschwindigkeit: 165 km/h
Flugdauer: 1,3 Std.

Das IAR-821 Grundmuster des einsitzigen Landwirtschaftsflugzeuges wurde bei den früheren Industrial Aeronautica Romana Werken konstruiert. Der Prototyp flog zum erstenmal im Jahre

1967. Die Produktion durch die IRMA (Flugzeugreparaturwerke) begann im folgenden Jahr und von 1968/69 wurden 20 Stück gebaut, jeweils mit einem 300 PS Iwtschenko A1-14RF Sternmotor. Der Prototyp einer zweisitzigen Schul-/Mehrzweckversion mit hintereinander liegenden Sitzen unter der Bezeichnung IAR-821B flog im September 1968. Die Grundkonstruktion wurde später zum Einbau eines 290 PS Lycoming IO-540-G1D5 Motors angepaßt, und ein Prototyp der daraus resultierenden IAR-822 flog 1970. Die Arbeit an einem Vorserienlos von 5 Maschinen wurde kurze Zeit später begonnen. Diese Maschinen waren hauptsächlich für alndwirtschaftliche Einsätze vorgesehen, jedoch auch für eineVielfalt anderer Aufgaben geeignet wie Fahrbahnenteisung, Brandbekämpfung, Bodenvermessung aus der Luft, Schleppen von Segelflugzeugen, Schulung und Post/Frachttransport. Die IAR-822B ist eine Tandem-Zweisitzer-Version mit demselben Lycoming Motor, und die IAR-826, welche 1973 erschien, entspricht der IAR-822. Die IAR-827 ist eine Ganzmetall-Entwicklung der 826 mit einem 400 PS Lycoming IO-720 Motor.

Interceptor 400 (und Aero Commander 200 und Meyers 200) USA

Photo: Interceptor 400
Spannweite: 9,29 m
Länge: 8,20 m
Fluggewicht: 1815 kg
max. Reisegeschwindigkeit: 450 km/h
max. Reichweite: 1610 km bei 445 km/h

Als erstes Produkt der Interceptor Corporation wurde dieser Viersitzer das erste serienmäßige Hochleistungsflugzeug mit Duckblüftung und einer einzigen Propellerturbine als Antrieb in der allgemeinen Luftahrt. Der Prototyp flog am 27. Juni 1969 und erhielt die FAA-Zulassung im August 1971
Der Antrieb im Serienflugzeug ist eine AiResearch TPE 331-1-101 mit 665 Wellen-PS, die auf eine pauschale Leistung von 400 Wellen-PS gebracht wurde. Die Zelle der Interceptor 400 basiert auf

der des kolbenmotorgetriebenen Flugzeugs mit der Musterbezeichnung Meyers 200B. Diese Maschine wurde später eine Zeitlang von Aero Commander als Muster 200 mit dem 285 PS Continental IO-520-A Motor produziert.

Jodel D.11 Serie — Frankreich

Photo: D.120
Daten: D.112
Spannweite: 8,18 m
Länge: 6,35 m
Fluggewicht: 520 kg
Reisegeschwindigkeit: 150—170 km/h
max. Reichweite: 600 km

Die gesamte Serie der Jodel-Konstruktion stammte von der einsitzigen D.9 Bébé, einem ultraleichten Eindecker von so einfacher Bauweise daß er bequem von Amateuren gebaut und geflogen werden kann. Die zweisitzige D.11 folgte und erwies sich als Ausgangspunkt für eine Palette daraus abgeleiteter Maschinen, darunter die D.112 (65 PS Continental), die D.117 (90 PS Continental) und die D.119. Verschiedene Firmen erwarben die Fertigungsrechte zur kommerziellen Herstellung der Zweisitzer. In Frankreich baute Wassmer mehr als 300 D.112 und D.120 Paris-Nice Luxus-Versionen. Die verbeserte D.1190S Compostela wurde in Spanien von der Aero-Difusion gebaut mit einem 90 PS Rolls-Royce/Continental C90-14F Motor als Antrieb. Es fliegen auch zahlreiche im Amateurbau hergestellte Exempalre.

Jodel DR.100 Ambassadeur Serie (einschließlich Sicile und Excellence) — Frankreich

Einer der ersten Hersteller, der das Potential der Jodel'schen Konstruktion erkannte, war Pierre Robin in Centre Est Aeronautique (jetzt Avions Pierre Robin). Mit dem ursprünglichen Konstrukteur Jean Delemontez entwickelte er einen Hochleistungs-Dreisitzer mit der Bezeichnung DR.100 Ambassadeur (10 gebaut). 1051 (148 gebaut) und DR.1050/M Sicile (114 gebaut) und Sicile.

Photo: Excellence
Daten: Sicile Record
Spannweite: 8,71 m
Länge: 6,35 m
Fluggewicht: 780 kg
Reichweite: 1250 km bei 214 km/h

Nachfolgende verbesserte Versionen waren die DR.1050 und Record (58 gebaut), mit dem 100 PS Rolls-Royce/Continental O-200-A Motor als Antrieb. Wie alle Jodel-Flugzeuge war ihr Merkmal Holzbauweise sowie eine beträchtliche Knickung der äußeren Flügel. Die SAN Jodel DR.1052 Excellence ist entsprechend. Die Produktion dieser Muster ist ausgelaufen.

Jodel D.140E Mousquetaire IV (und Abeille) — Frankreich

Photo und Daten:
Mousquetaire IV
Spannweite: 10,27 m
Länge: 7,82 m
Fluggewicht: 1200 kg
Reisegeschwindigkeit: 200 – 240 km/h
max. Reichweite: 1400 km

Die Société Aéronautique Normande (SAN) spezialisierte sich wie Avions Pierre Robin auf die Herstellung der Jodel-Konstruktionen. Mit der D.140 Mousquetaire von SAN wurde die Jodel ein Viersitzer. Sie könnte sogar auf kurzen Flügen eine fünfte Person mitnehmen, und sie hat hinter der Kabine einen genügend großen Gepäckraum zum Transport einer Tragbahre. Als die SAN ihre Tätigkeit einstellte, wurde die Fertigung der Mousquetaire IV von Robin übernommen zusammen mit den noch nicht ausgeführten Bestellungen für die D.140R Abeile, die abgesehen von ihrer Ausrüstung als Segelflugzeug-Schlepper und der großzügig verglasten Kabine zur Verbesserung der rückwärtigen Sicht gleich ist. Beide Muster haben einen 180 PS Lycoming O-360-A2A Motor.

Jodel D.150 Mascaret **Frankreich**

Spannweite: 8,15 m
Länge: 6,30 m
Fluggewicht: 720 kg
Reichweite: 1610 km bei 195 km/h

In Zusammenarbeit mit Jean Delemontez entwickelte die frühere Firma SAN den Mascaret Zweisitzer als Ersatz für die weniger verfeinerte D.11 Baureihe. Die Maschine gleicht ziemlich einer Ambassadeur mt kurzer Spannweite. Ihr Rumpf ist geräumiger als bei der D.112 und sie hat einen 100 PS Rolls-Royce/Continental O-200-A Motor als Antrieb. Wie die meisten der späteren fabrikmäßig hergestellten Jodel hat sie ein einteiliges vollbewegliches Höhenleitwerk.

Lake LA-4 Buccaneer (und Colonial Skimmer IV) **USA**

Photo und Daten:
Buccaneer
Spannweite: 11,58 m
Länge: 7,60 m
Fluggewicht: 1220 kg
Reisegeschwindigkeit: 241 km/h
max. Reichweite: 1365 km

Dieses Amphibien-Flugzeug begann seine Laufbahn als die dreisitzige Colonial C-1 Skimmer, die ihren Erstflug am 17. Juli 1948 mit einem 125 PS Lycoming O-290 Motor machte. Die Serienversion hatte einen 150 PS Lycoming und ihr folgte 1957 die viersitzige C-2 Skimmer IV mit einem 180 PS Lycoming O-360-A1A Motor. Die Nachbaurechte für die Skimmer IV wurden 1959 von der Lake Aircraft übernommen. Daraus wurde die LA-4 mit längerem Rumpfbug, um 1,20 m vergrößerte Spannweite und anderen Verbesserungen entwickelt. Die Produktion läuft weiter die derzeitige Version ist die Buccaneer mit dem 200 PSIO-360-A Motor, wie beschrieben und abgebildet.

Laverda (Aviamilano) F.8.L Super Falco Italien

Spannweite: 8,00 m
Länge: 6,50 m
Fluggewicht: 821 kg
Reisegeschwindigkeit: 250–290 km/h
max. Reichweite: 1400 km

Dieser Zweisitzer mit nebeneinander angeordneten Sitzen hat die typischen rassigen Linien einer Konstruktion von Stelio Frati (weitere Beispiele siehe Procaer Picchio und SIAI-Marchetti SF.260). Das Flugzeug ist in Holzbauweise hergestellt, hat ein einziehbares Fahrgestelll und den 160 PS Lycoming O-320-B3B Motor. Frühere von Aviamilano und Aeromere gebaute Falco hatten 135/150 PS Lycoming Motoren. Die Produktion aller Versionen ist beendet worden.

Let Z-37 Cmelak CSSR

Spannweite: 12,22 m
Länge: 8,55 m
Fluggewicht: 1850 kg
Reichweite: 640 km bei 185 km/h mit Reserven

Diese funktionell aussehende Maschine wurde hauptsächlich für landwirtschaftliche Aufgaben konstruiert, mit einem hinter dem Cockpit angeordneten Chemikalientank von 650 Litern Inhalt. Hinter diesem Behälter befindet sich ein Sitz für einen Mechaniker oder einen Mann für die Beladung, und der für Sitz und Behälter beanspruchte Raum kann zur Beförderung von Post und Fracht während der Wintermonate genutzt werden, wenn Landwirtschaftsflugzeuge oft nicht gebraucht werden. Der Rahmen ist aus Metall, darüber befindet sich eine gemischte Blechbeplankung/Stoffbespannung. Triebwerk ist ein 315 PS M462RF Stern-Motor tschechoslowakischer Konstruktion. Der erste von zehn Cmelak Prototypen flog am 29. März 1963, und über 400 Serienflugzeuge sind bis Anfang 1972 fertiggestellt worden. Das verbesserte derzeitige Muster trägt die Bezeichnung Z-37-A und die Z-237 ist eine zweisitzige Ableitung.

Luscombe Muster 8 Silvaire — USA

Photo und Daten:
Muster 8F
Spannweite: 10,67 m
Länge: 6,09 m
Fluggewicht: 635 kg
Reichweite: 800 km bei 195 km/h

Etwa 2000 Silvaire-Ganzmetall-Zweisitzer verschiedener Baumuster fliegen noch in der ganzen Welt, meist in den USA. Das ursprüngliche Muster 8, welches von der Luscombe Airplane Corp. gebaut wurde, flog im Jahre 1937 und ging mit einem 50 PS Continental-Motor als Antrieb in die Produktion. Ihm folgten die Muster 8A (65 PS Continental), 8B (65 PS Lycoming) und 8C und 8D (75 PS Continental). 1200 Silvaire sind bis 1942 ausgeliefert worden, als Luscombe die Produktion aussetzte, um Kriegsverpflichtungen nachzukommen. Nach dem Kriege wurde die Fertigung mit den Mustern 8E (85 PS Continental) und 8F (90 PS Continental) nacheinander durch die Firmen Luscombe, Temco und Silvaire wiederaufgenommen, das letzte Muster 8F erschien im Jahre 1960.

Macchi M.B.308 — Italien/Argentinien

Die ursprünglichen Serienversionen der M.B. 308 im Jahre 1947 waren Zweisitzer mit 85/90 PS Continental Motor. Ihnen folgte die dreisitzige M.B. 308G, die an einem zweiten Kabinenfenster auf

Daten: M.B.308-100
Spannweite: 9,98 m
Länge: 6,53 m
Fluggewicht: 730 kg
Reichweite: 675 km bei 190 km/h

jeder Seite zu erkennen ist. Viele Flugzeuge erscheinen immer noch im italienischen Zivilregister. Im Jahre 1958 erwarb die deutsche Bianco SA in Argentinien exklusiv die Nachbaurechte und baute zwei Versionen — die Standard M.B. 308 mit 90 PS Continental C90 und die M.B. 308-100 mit 100 PS Contiental O-200-A. Die Produktion ist ausgelaufen.

Maule M-4 Rocket Serie (und Jetasen) USA

Photo und Daten:
M-4 Rocket
Spannweite: 9,39 m
Länge: 6,70 m
Fluggewicht: 1043 kg
Reisegeschwindigkeit: 265 km/h
Reichweite: 1100 km bei 240 km/h

Dieses viersitzige Hochleistungs-Leichtflugzeug begann seine Laufbahn als amateurgefertigte »home-built«. Der Prototyp flog als Maule Bee Dee B-4 am 8. September 1960, und einige hundert Serienmuster sind seitdem in fünf Versionen ausgeliefert worden. Die M-4 Jetasen hat einen 145 PS Continental O-300-A-Motor; die sonst gleiche Rocket hat einen 210 PS Continental IO-360-A, der es ihr ermöglicht, voll beladen nach 129 m Startstrecke abzuheben. Die Astro-Rocket ist eine Luxus-Version der Jetasen mit 180 PS Franklin 6A-335-B1A Motor. Die Strata-Rocket unterscheidet sich von der Rocket durch den 220 PS Franklin 6A-350-C1-Motor. Die M-5 Lunar Rocket hat einen 220 PS Motor sowie größere Klappen und Leitwerksflächen.

MBB BO 209 Monsun — Deutschland

Daten: BO 209-160
Spannweite: 8,83 m
Länge: 6,58 m
Fluggewicht: 820 kg
Reisegeschwindigkeit: 245–255 km/h
max. Reichweite: 1200 km

Der Prototyp dieses 2sitzigen Leichtflugzeuges, das als die MHK-101 bekannt wurde, konstruierte Dipl.-Ing. Hermann Mylius, Techn. Direktor der früheren Bölkow-Werke, jetzt Teil der Messerschmitt-Bölkow Blohm GmbH. Er machte am 22. Dezember 1967 seinen Erstflug und wurde in die BO 209 Monsun weiterentwickelt, die zuerst am 28. Mai 1969 flog und in drei Versionen angeboten wurde. Das BO 209-150 Grundmuster hat einen 150 PS Lycoming O-320-E Motor; dieser wurde in der BO 209-160 durch einen 160 PS Lycoming IO-320-D1A ersetzt. Die BO 209S, ein Spezialschulflugzeug, das im Juni 1971 zuerst geflogen wurde, hatte einen 130 PS Rolls-Royce/Continental O-240 Motor. Die BO 209-150 und -160 hatten beiklappbare Flügel und auf Wunsch ein einziehbares Bugrad. Die Produktion lief im Jahre 1972 aus.

MBB 223/CASA Flamingo — Deutschland/Spanien

Spannweite: 8,28 m
Länge: 7,43 m
Fluggewicht: 1050 kg
Reisegeschwindigkeit: 220 km/h
Reichweite: 500–1150 km

Dieses Ganzmetall-Leichtflugzeug gewann einen vom deutschen Wirtschaftsministerium im Jahre 1962 organisierten Konstruktionswettbewerb und wurde von den früheren SIAT-Werken, jetzt Teil von MBB, entwickelt. Es war die Absicht, ein standardisiertes Club- und Schulflugzeug zur Verwendung in Deutschland zu produzieren, jedoch verzögerten knappe Geldmittel den Erstflug des Prototyps bis zum 1. März 1967. Es gab zwei Grundversionen: Die MBB 223A1 als zweisitziges Mehrzweck/Schulflugzeug, die auch als »2+2« 3/4sitziges Reiseflugzeug oder als Landwirtschaftsflugzeug ausgerüstet werden konnte, und die einsitzige voll kunstflugtaugliche MBB 223K1-Version mit einem AIO-300 Motor anstelle des Standard 200 PS Lycoming IO-360-C1B. Nachdem 50 Stück in Deutschland gebaut worden waren, wurde die Produktion an die CASA in Spanien übertragen, wo das erste Exemplar am 14. Februar 1972 flog.

Meteor F.L.55-BM — Italien

Photo: F.L.55
Daten: F.L.55-BM
Spannweite: 9,83 m
Länge: 6,35 m
Fluggewicht: 900 kg
Reichweite: 360 km bei 180 km/h

Im Jahre 1953 übernahm die Meteor SpA die Konstruktion von Francis Lombardi und entwickelte dann aus der F.L.3 die modernere F.L.53, in die der 60 PS CNA Motor eingebaut war. Die weitere Entwicklung erbrachte die 3sitzige F.L.54 mit 85 oder 90 PS Continental Motor und die 4sitzige F.L.55 mit 130 oder 150 PS Lycoming Motor. Das hier beschriebene Flugzeug ist die 150 PS Meteor F.L.55-BM Ski. Exemplare aller Versionen sind immer noch flugklar, dazu kommen einige der ursprünglichen F.L.3 mit Continental oder Mikron Motoren.

Miles M.38 Messenger — Großbritannien

60 M.38 wurden gebaut, einschließlich der Original-Messenger I für die RAF. Einige davon sind jetzt als Messenger 4A mit 145 PS Gipsy Major 1D Motoren im zivilen Gebrauch. Die aus beschädigten Maschinen für den zivilen Markt gebauten Flugzeuge sind die Mk 2A mit 155 PS Cirrus Major III. Die Produktion endete im

Photo und Daten:
Messenger 2A.
Spannweite: 11,02 m
Länge: 7,31 m
Fluggewicht: 1088 kg
Reichweite: 740 km bei 180 km/h

Jahre 1948, aber etwa ein Dutzend sind noch im britischen Zivilregister geblieben. Ein paar weitere fliegen im Ausland.

Miles M.65 Gemini (und Aries) Großbrittannien

Photo: Gemini 3C
Daten: Gemini 1A
Spannweite: 11,02 m
Länge: 6,78 m
Fluggewicht: 1360 kg
Reichweite: 1320 km bei 215 km/h

Einige Varianten dieses beliebten Nachkriegs-Leichtflugzeuges fliegen immer noch, darunter die ursprüngliche Gemini 1A mit 100 PS Cirrus Minor 2 Motoren; der 3A Umbau mit Gipsy Major 10 Mk 1, das Muster 3C mit Gipsy Major 10 Mk 2, die 3B mit einziehbaren Querrudern und die 7 (und gleiche Aries) mit Major 10 Mk 2, größerem Leitwerk und erhöhtem Gewicht. Einige Gemini und eine Aries erscheinen im derzeitigen britischen Register. Weitere fliegen im Ausland.

Mooney (und Aerostar) M-20 Reihe USA

Die Ranger (Daten oben) ist die frühere Mooney M-20C Mark 21 mit 180 PS Lycoming O-360-A1D Motor. Die Chaparral (früher M-20E Super-21) ist außer ihrem 200 PS IO-360-A1A Motor gleich. Die Executive (früher M-20F) hat den 200 PS Motor und einen längeren Rumpf mit drei Fenstern an jeder Seite. Die ersten M-20

Photo: M-20E Chaparral
Daten: M-20C Ranger
Spannweite: 10,67 m
Länge: 7,34 m
Fluggewicht: 1167 kg
Höchstgeschwindigkeit: 285 km/h
max. Reichweite: 1610 km mit Reserven

Muster (am 10. August 1953 zuerst geflogen) besaßen einen Metallrumpf und Holzflügel. Die Mooney Werke erhielten im Juli 1970 den neuen Namen Aerostar Aircraft Corp, die Produktion wurde jedoch im Jahre 1972 ausgesetzt. Bis dahin betrug der Gesamtausstoß über 2000 Ranger, 1400 Chaparral und 1900 Executive. Die Produktion wurde 1974 unter einem neuen Management wiederaufgenommen.

Navion Rangemaster (und Navion) USA

Photo: Navion
Daten: Rangemaster
Spannweite: 10,60 m
Länge: 8,38 m
Fluggewicht:
Fluggewicht: 1503 kg
Reisegeschwindigkeit: 300 km/h
max. Reichweite: 2900 km

Die 4sitzige Original-Navion wurde zunächst von ihrer Entwurfs-Firma North American und später von Ryan gefertigt. Jedes Werk baute mehr als 1000 Stück. Die Navion Aircraft übernahm dann die Konstruktion und flog am 10. Juni 1960 den Prototyp einer 5sitzigen Version mit dem Namen Rangemaster, die Motorleistung wurde hierbei von 205 auf 260 PS erhöht und für eine noch größere Reichweite wurden Flügeltanks eingebaut. Diese Maschine löste das noch weiter verbesserte Muster H mit 285 PS Continental IO-520-B Motor ab, das 1970 von der Janox Corporation übernommen wurde. Die Rechte wurden abermals im Jahre 1973 an die Navion Rangemaster Aircraft Corp. verkauft.

Neiva Paulistinha 56 — Brasilien

Photo und Daten:
Paulistinha 56-C
Spannweite: 10,80 m
Länge: 6,76 m
Fluggewicht: 660 kg
Reisegeschwindigkeit:
159 km/h
max. Reichweite: 900 km

Dieser leichte Tandem-Zweisitzer wurde viele Jahre lang von Neiva in verschiedenen Versionen produziert. Das letzte in Massenfertigung produzierte Muster war die Paulistinha 56-C mit 90 PS Continental C90 Motor, deren Fertigung im Jahre 1964 auslief, nachdem insgesamt 238 Stück hergestellt worden waren. Die weiterentwickelte 56-D mit 150 PS Lycoming O-320-A1A kam über einen einsitzigen Prototyp nicht hinaus.

Nipper (und Tipsy Nipper) — Belgien/Großbritannien

Photo und Daten:
Nipper Mk III
Spannweite: 6,25 m
Länge: 4,57 m
Fluggewicht: 300 kg
Reisegeschwindigkeit:
145–155 km/h
Reichweite: 320–725 km

Zwei Versionen der kleinen einsitzigen Tipsy Nipper wurden ursprünglich von Avion Fairey in Belgien gefertigt, sowohl in Form von Bausätzen als auch fertiggestellter Flugzeuge. Die T.66 Mk 1 Nipper hatte einen 40 PS Pollmann HEPU Motor. Die T.66 Mk 2 hatte einen 45 PS Stark Stamo, der ihr mit Flügeltanks eine Reichweite von 845 km verlieh. Die Produktion wurde 1966 von der Nipper Aircraft Ltd in England übernommen, und diese Firma entwickelte zwei verbesserte Versionen. Das Grundmuster Nipper Mk III hat einen 45 PS Rollason Ardem (VW) Motor mit 1500 cm^3; die Mk IIIA hat einen Rollason Ardem Motor mit 1600 cm^3. Diese Maschinen wurden in kleinen Stückzahlen als fabrikgefertigte Flugzeuge und Bausätze verkauft.

Nord 1002 Pingouin II — Frankreich

Spannweite: 10,50 m
Länge: 8,56 m
Fluggewicht: 1483 kg
max. Reisegeschwindigkeit: 270 km/h
max. Reichweite: 850 km

Dieses Leichtflugzeug wurde aus der Messerschmitt Bf 108B entwickelt, von der einige Exemplare ebenfalls immer noch fliegen. Nord baute während des Krieges 170 Standard Bf 108B und weitere Maschinen als Nord 1000. Die Umstellung des Triebwerks von 240 PS Argus As 10B zum 233 PS Renault 6Q 11 Motor führte zur Umbenennung als Nord 1001 Pingouin I. Zum Schluß kam die Pingouin II mit vier anstelle von drei Sitzen und einem Renault 6Q 10 Motor. Viele Maschinen erscheinen noch immer im französischen zivilen Register, zwei im britischen Register.

Nord 1101 Noralpha — Frankreich

Spannweite: 11,50 m
Länge: 8,53 m
Fluggewicht: 1646 kg
Reichweite: 1200 km bei 275 km/h

Dieses viersitzige Leichtflugzeug ist eine Weiterentwicklung der Messerschmitt Bf 108 mit Dreibein-Fahrwerk. Zwei Prototypen wurden während des zweiten Weltkrieges von Nord als Me 208 mit 270 PS Argus Motor gebaut. Nach dem Kriege wurde der erhalten gebliebene Prototyp in Nord 1100 umbenannt. Die Nord 1101 und 1102 Serienversionen waren gleich und hatten den 233 PS Renault 6Q10 und 6Q 11 Motor. Insgesamt wurden 200 Stück für militärischen und zivilen Einsatz gebaut. Viele fliegen in Frankreich noch immer, und sechs Maschinen sind in Großbritannien registriert.

Nord 1203/II Norécrin II — Frankreich

Photo und Daten:
Norécrin II
Spannweite: 10,22 m
Länge: 7,21 m
Fluggewicht: 1050 kg
max. Reichweite: 900 km
max. Reisegeschwindigkeit: 220 km/h

Trotz einer Familien-Ähnlichkeit zu der Noralpha war die Norécrin eine Original-Nord Konstruktion für eine Ausschreibung des französischen Verkehrsministeriums. Der 2sitzige Nord 1200 Prototyp hatte einen 100 PS Mathis Motor und machte am 15. Dezember 1945 seinen Erstflug. Erstes Serienmuster war die 3sitzige Nord 1201 Norécrin I mit 140 PS Renault 4 Pei Motor. Einige Exemplare sind noch immer flugtüchtig, werden aber von Nord 1203/II Norécrin mit 135 PS Régnier 4LO Motor und vier Sitzen an Zahl übertroffen.

North American T-6 — Texan/Harvard/USA

Spannweite: 12,80 m
Länge: 8,99 m
Fluggewicht: 2547 kg
Reichweite: 1400 km bei 235 km/h

Mehr als 10000 dieser berühmten 2sitzigen Anfängerschulflugzeuge wurden von 1938—54 in den USA und Kanada gebaut, und das Muster ist noch immer bei etwa 30 Luftwaffen auf der ganzen Welt eingesetzt. Zusätzlich fliegen zahlreiche zivile T-6, hauptsächlich als Trainingsflugzeuge für Linienpiloten, obwohl einige Maschinen für so ungewöhnliche Aufgaben wie Himmelsschrift-Fliegen benutzt werden und weitere privaten Eignern gehören. Standard-Triebwerk ist ein 550 PS Pratt & Whitney R-1340-AN-1 Sternmotor.

Omnipol L-40 Meta-Sokol **CSSR**

Spannweite: 10,06 m
Länge: 7,54 m
Fluggewicht: 935 kg
max. Reisegeschwindigkeit: 205 km/h
max. Reichweite: 1100 km

Ein interessantes Merkmal dieses tschechischen Viersitzers ist sein »umgekehrtes« einziehbares Dreibein-Fahrgestell, dessen drittes Rad sich unter der hinteren Kabine befindet. Der normale Motor ist ein 140 PS Walter M332, jedoch wurde der 105 PS Minor 4-III in einigen Flugzeugen eingebaut. Es können Flügeltanks angesetzt werden. Einige wenige Maschinen sind in Westeuropa einschließlich Großbritannien sowie in Australien im Dienst. Alle tschechischen Zivilflugzeuge werden durch die Omnipol Organisation vertrieben, und auf sie wurde in der Phase der Meta-Sokol Produktion als Omnipol-Typen bezug genommen.

Partenavia P.57 Facwiro II-f **Italien**

Spannweite: 9,14 m
Länge: 6,63 m
Fluggewicht: 1100 kg
Reisegeschwindigkeit: 190–215 km/h
max. Reichweite: 900 km

Der Prototyp der 4sitzigen Fachiro flog am 7. November 1958 mit einem 150 PS Lycoming O-320 Motor. An dessen Stelle trat ein 168 PS Lycoming O-360-B2A in den ersten Serien-Fachiro II. Diesen folgte die Hauptbaureihe der Fachiro II-f mit dem 180 PS Lycoming O-360-A2A Motor. Alle Maschinen haben Holzflügel und einen stoffbespannten Stahlrohrrumpf. Die Fachiro wurde 1966 durch die P.64 Oscar abgelöst.

Partenavia P.64 und P.66 Oscar **Italien**

Photo: P.64B Oscar-180
Daten: P.66B Oscar-150
Spannweite: 9,99 m
Länge: 7,09 m
Fluggewicht: 930 kg
max. Reisegeschwindigkeit: 215 km/h
Reichweite: 640 km bei 215 km/h

Der Prototyp der P.64 Oscar machte am 2. April 1965 seinen Erstflug, und das Muster ging als Ganzmetall-Flugzeug anstelle der Fachiro in die Produktion. Die Oscar-B von 1967 wies einen abgestuften hinteren Rumpf sowie eine Panorama-Scheibe an der hinteren Kabine auf. Später wurde die Oscar-Familie auf vier Baumuster vergrößert und bis Februar 1974 baute Partenavia 73 P.64B Oscar-180 mit vier Sitzen und dem 180 PS Lycoming O-360-A1A Motor; 16 viersitzige P.64B Oscar-200 mit 200 PS Lycoming IO-360-A1A; 107 zweisitzige P.66.B Oscar-100 mit 115 PS Lycoming O-235-C1B und 79 dreisitzige P.66B Oscar 150 mit 150 PS Lycoming O-320-E2A. Die Oscar 180 wurde auch von der AFIC in Südafrika als RSA 200 Falcon gebaut. Die Produktion in Italien wurde 1974 in begrenzter Stückzahl fortgesetzt.

Piaggio P.149-D **Italien**

Spannweite: 11,13 m
Länge: 8,78 m
Fluggewicht: 1680 kg
Rechiweite: 1095 km bei 235 km/h

Die P.149 wurde als 4sitzige zivile Entwicklung des Anfänger-Schulflugzeugs P.148 konstruiert und verwendete zahlreiche Bauteile des letztgenannten Musters. Sie flog erstmals am 19. Juni 1953. Zwei Jahre später erhielt Piaggio einen Auftrag für 72 abgeänderte Versionen (P.149-D), die als Standard-Schulflugzeuge für die deutsche Luftwaffe verwendet werden sollten. Weitere 190 Stück wurden in Lizenz von Focke-Wulf in Deutschland hergestellt. Viele Maschinen sind für zivile Zwecke freigegeben worden. Von einem 270 PS Lycoming GO-480 Motor angetrieben befördern sie bis zu fünf Personen.

Piel Emeraude (und Scintex Super Emeraude und Fairtravel Linnet) — Frankreich

Photo: CP 301B Emeraude
Daten:
CP 1310 Super Emeraude
Spannweite: 8,25 m
Länge: 6,54 m
Fluggewicht: 703 kg
Reichweite: 1000 km bei 220 km/h

Viele Firmen in Frankreich und im Ausland haben Versionen der kleinen 2sitzigen (nebeneinander liegende Sitze) Piel Emeraude hergestellt. Andere Maschinen wurden von Amateuren gebaut. Standard-Emeraude mit 90 PS Continental C90 Motor wurden in Frankreich von Rosseau und Scintex produziert. Die CP 1310 C3 Super Emeraude wurde von Scintex mit einem 100 PS Rolls-Royce/Continental O-200-A Motor hergestellt. Die British Fairtravel Linnet ist sehr ähnlich.

Piper J-3 Cub (und J-4 Cub Coupe) — USA

Der Tandem-Zweisitzer J-3 Cub wurde im Jahre 1938 zuerst geflogen und ist eines der meistproduzierten Flugzeuge der Geschichte. Zum Zeitpunkt des Auslaufens der Produktion im Jahre 1949 sind insgesamt 14 125 zivile Cub aller Versionen ausgeliefert worden, dazu kamen 5673 im wesentlichen gleiche militärische L-4 Beobachtungsflugzeuge. Tausende fliegen weiterhin, hauptsächlich in Nordamerika. Die ursprüngliche J-2 Cub von 1936 hatte einen 40 PS Continental Motor, und einige dieser Maschinen sind

Photo und Daten:
J-3C-65 Cub Spezial
Spannweite: 10,73 m
Länge: 6,82 m
Fluggewicht: 553 kg
Reichweite: 480 km bei 140 km/h

erhalten geblieben. Die J-3 begann mit einem 40 PS Continental, aber die meisten Maschinen wurden mit einem 50 PS Continental, Lycoming oder Franklin Motor gebaut. Nachkriegsversionen sind die J-3C-65 Cub Special und PA-11 Cub Special mit 65 PS Continental A65 Motor. Desgleichen sind hauptsächlich in den USA J-4 Cub Coupe zu sehen — verfeinerte Versionen der J-3 mit nebeneinander liegenden Sitzen und einem 75 PS Continental A75-8 Motor, welche von 1939—42 gebaut wurden.

Piper PA-12 Super Cruiser (und PA-14 Family Cruiser) USA

Photo und Daten:
PA-12 Super Cruiser
Spannweite: 10,81 m
Länge: 6,96 m
Fluggewicht: 793 kg
Reichweite: 965 km bei 169 km/h

Die Piper Cruiser Baureihe begann mit der 3sitzigen J-5A Cruiser von 1940, mit einem Standard J-3 Flügel, überarbeiteten Rumpf für 3 Sitze und dem 75 PS A75 Motor. Es folgte innerhalb eines Jahres die J-5C Super Cruiser mit 100 PS Lycoming GO-145-C2 Motor. Die Produktion wurde nach dem Kriege mit der im allgemeinen gleichen PA-12 (104 PS Lycoming O-235-C) wiederaufgenommen. Die PA-14 Family Cruiser von 1948 unterschied sich durch vier Sitze und einen 115 PS Lycoming O-235-C1 Motor. Viele PA-12 und 14 fliegen noch immer.

Piper PA-15 Vagabond (und PA-17) USA

Photo: PA-17 Vagebond
Daten: PA-15 Vagabond
Spannweite: 8,92 m
Länge: 5,69 m
Fluggewicht: 500 kg
Reichweite: 402 km bei 145 km/h

Als erste Piper Nachkriegskonstruktion trat die zweisitzige (nebeneinander angeordnete Sitze) PA-15 Vagabond 1948 mit einem 65 PS Lycoming O-145-B Motor in die Produktion. Ihr folgte die PA-17 Vagabond mit einem 65 PS Continental A65-8 Motor, die hauptsächlich als Schulflugzeug vorgesehen war. Viele Vagabond bleiben weiter flugtüchtig, hauptsächlich in den USA.

Piper PA-18 Super Cub USA

Photo und Daten:
PA-18-150 Super Cub
Spannweite: 10,73 m
Länge: 6,88 m
Fluggewicht: 794 kg
Reisegeschwindigkeit: 170–185 km/h
max. Reichweite: 735 km

Mehr als 6500 Super Cub sind seit Produktionseintritt der Originalversionen — die PA-18-95 (90 PS Continental C90) und die PA-18-105 (108 PS Lycoming O-235) im Jahre 1949 gebaut worden. Die PA-18-135 (135 PS Lycoming O-290-D2) wurde 1952 vorgestellt. Heutige Version ist die PA-18-150 mit 150 PS Lycoming O-320, die seit 1955 produziert wird. Alle Versionen sind Tandem-Zweisitzer. Die Fichtenholz-Holme der früheren Piper Modelle machten in der Super Cup einer Ganzmetall-Konstruktion Platz, die den traditionellen geschweißten Stahlrohrrumpf und die vollständige Stoffbespannung beibehielt. Viele Super Cup sind für landwirtschaftliche Arbeiten ausgerüstet; andere fliegen mit Schwimmern und Skiern.

Piper PA-20 Pacer USA

Daten: PA-20-115 Pacer
Spannweite: 8,94 m
Länge: 6,22 m
Fluggewicht: 748 kg
Reichweite: 935 km bei 180 km/h

Die Pacer begann 1949 ihre Laufbahn als die PA-16 Clipper, einem 4sitzigen Gegenstück, der Vagabond mit einem 115 PS Lycoming O-235-C1 Motor. Name und Bezeichnung wurden im Jahre 1950 geändert und später drei Versionen hergestellt: die PA-20-115 (O-235-C1), PA-20-125 (125 PS Lycoming O-290-D2) und die PA-20-135 (135 PS O-290-D2). Einige hundert Clipper und Pacer bleiben weiter im Einsatz.

Piper PA-22 Tri-Pacer (und Colt und Caribbean) USA

Photo:
PA-22-150 Caribbean
Daten:
PA-22-160 Tri-Pacer
Spannweite: 8,92 m
Länge: 6,28 m
Fluggewicht: 907 kg
max. Reisegeschwindigkeit: 135–215 km/h
max. Reichweite: 860 km

Diese Pacer Version mit Dreibeinfahrwerk wurde im Jahre 1951 vorgestellt, zunächst mit demselben 135 PS O-290-D2 Motor. Die PA-22-150 Tri-Pacer (150 PS Lycoming O-320) erschien 1955, gefolgt von der PA-22-160 (160 PS Lycoming O-320-B) im Jahre 1957. Alle Tri-Pacer sind 4-Sitzer wie die weniger ausgefeilte Caribbean (150 PS O-320), die 1958 vorgestellt wurde. Die Colt 108 ist ein billiges Zweisitzermodell mit derselben Grundzelle und einem 108 PS Lycoming O-235-C1B Motor, die hauptsächlich für Club- und Schulungsaufgaben gedacht ist. Alle diese Muster sind sehr verbreitet eingesetzt.

Piper PA-24 Comanche **USA**

Photo: Turbo Comanche C
Daten:
PA-24-260 Comanche C
Spannweite: 10,97 m
Länge: 7,62 m
Fluggewicht: 1451 kg
max. Reisegeschwindigkeit: 300 km/h
max. Reichweite: 1970 km

Der Prototyp der 4sitzigen Comanche war Pipers erster Ganzmetall-Tiefdecker, der am 24. Mai 1956 flog. Er ging als die PA-24-180 mit 180 PS Lycoming O-360-A1A Motor in die Produktion. Spätere Serien-Versionen waren die PA-24-250 (250 PS Lycoming O-540-A1A5), PA-24-260 (260 PS Lycoming O-540-E oder IO-540-E) und die PA-24-400 (400 PS Lycoming IO-720). Derzeitige Version ist die PA-24-260 Comanche C, die einen IO-540 Motor hat und bis zu sechs Personen befördern kann. Eine Version mit dem Rajay-Lader wird als Turbo Comanche C angeboten.

Piper PA-25 Pawnee (und PA-36 Pawnee Brave) **USA**

Photo und Daten:
PA-25-235 Pawnee C
Spannweite: 11,02 m
Länge: 7,53 m
Fluggewicht: 1315 kg
max. Reisegeschwindigkeit: 185 km/h
max. Reichweite: 465 km bei 185 km/h

Speziell als sicheres und wirtschaftliches Landwirtschaftsflugzeug entwickelt, wurde die ursprüngliche PA-25 Pawnee in zwei Versionen mit 150 PS Lycoming O-320 (PA-25-150) und 235 PS Lycoming O-540-B2B5 (PA-25-235) Motor gebaut. Das leistungsstärkere Muster bleibt als die verbesserte Pawnee C mit einem auf Wunsch lieferbaren 260 PS 0-540-E Motor und einer Zuladung von 544 kg Chemikalien weiter in der Produktion. Ein Mechaniker oder ein

Mann für die Beladung kann bei Streckenflügen auf einem provisorischen Sitz in dem Chemikalien-Behälter mitgenommen werden. Mehr als 4250 Pawnee wurden gebaut. Die PA-25 wird jetzt durch die PA-36 Pawnee Brave ergänzt. Diese hat eine Spannweite von 11,89 m, ein Fluggewicht von 1996 kg, einen vergrößerten Chemikalientank und den 285 PS Continental Tiara Motor.

Piper PA-28-151 Cherokee Warrior — USA

Spannweite: 10,67 m
Länge: 7,26 m
Fluggewicht: 1055 kg
max. Reisegeschwindigkeit: 214 km/h
max. Reichweite: 1160 km

Dieses jüngste Mitglied der Cherokee Familie führte 1974 einen vollständig neuen Tragflügel mit spitz zulaufenden Außenflügeln ein, die, verglichen mit früheren Cherokee 140, eine vergrößerte Spannweite aufwiesen. Der induzierte Luftwiderstand ist verkleinert, eine zusätzliche Leistung und eine zurückgelegte äußere Flügelvorderkante verbessern die Stabilität im überzogenen Flugzustand. Die Warrior soll direkt mit der Cessna 172 in den Wettbewerb treten, und sie hat den gleichen 150 PS Lycoming O-320-E3D Motor. Sie ist ein vollwertiger 4-Sitzer mit einer maximalen Nutzlast von 475 kg. Ein entsprechender Tragflügel soll bei weiteren Cherokee-Varianten Anwendung finden.

Piper PA-28 Cherokee Reihe (außer Warrior) — USA

Wegen ihrer robusten Bauweise und ihres niedrigen Preises erwies sich die Ganzmetall-Cherokee als noch beliebter als die Tri-Pacer, die sie ablöste. Der ursprüngliche 4sitzige Prototyp flog am 10. Februar 1961 und mehr als 20000 Cherokee aller Muster wurden gebaut. Außer dem mit Trapezflügeln versehenen Warrior gehören zu den derzeitigen Baumustern der PA-28 Basis-

Photo:
Cherokee Challenger
Daten:
Cherokee Pathfinder
Spannweite: 9,75 m
Länge: 7,35 m
Fluggewicht: 1360 kg
max. Reiesgeschwindigkeit 245 km/h
max. Reichweite:
1470–1785 km

reihe mit festem Fahrgestell die vereinfachte zweisitzige Schulmaschine Cherokee Flete Liner und die viersitzige Cruiser mit 150 PS Lycoming O-320 Motor; die viersitzige PA-28-180 Cherokee Archer mit 180 PS Lycoming O-360-A3A; sowie die ähnliche, jedoch eine höhere Festigkeit aufweisende PA-28-235 Cherokee Pathfinder mit 235 PS Lycoming O-540-B3B5 Motor. Frühere Namen für die Archer und Pathfinder waren Challenger bzw. Charger.

Piper PA-28 Cherokee Arrow Reihe — USA

Photo und Daten:
PA-28-200 Cherokee Arrow II
Spannweite: 9,75 m
Länge: 7,50 m
Fluggewicht: 1202 kg
max. Reisegeschwindigkeit: 265 km/h
Reichweite: 1190–1365 km

Die am 19. Juni 1967 vorgestellte Original-Cherokee Arrow (PA-28-180R) entsprach der Cherokee 180, hatte jedoch ein einziehbares Fahrgestell, den 180 PS IO-360-B1E Motor und ein drittes Fenster auf jeder Seite. Um den Piloten zu helfen, die nicht an das einziehbare Fahrwerk gewöhnt sind, wurden die Fahrwerksbeine so konstruiert, daß sie bei reduzierter Motorleistung und Abfallen der Geschwindigkeit unter 170 km/h automatisch ausfahren. Später erschien die PA-28-200 mit 200 PS IO-360-C1C Motor. Die 1972er Baureihe von Piper brachte die mit gleichem Antrieb versehene Arrow II, die einen um 12,7 cm längeren Rumpf, eine um 66 cm vergrößerte Spannweite und ein größeres Leitwerk hatte. Diese Maschine ist noch immer die Standard-Serienversion.

Piper PA-32 Cherokee Six — USA

Daten: PA-32-300
Cherokee Six 300
Spannweite: 9,99 m
Länge: 8,45 m
Fluggewicht: 1542 kg
max. Reisegeschwindigkeit: 270 km/h
Reichweite: 1370–1660 km

Die zuerst am 6. Dezember 1963 geflogene Cherokee Six ist eine 6/7-Sitzerversion der Cherokee mit geringfügig erweiterten Gesamtabmessungen. Sie wird in zwei Versionen, der PA-32-260 mit 260 PS Lycoming O-540-E Motor und der PA-32-300 mit 300 PS Lycoming IO-540-K angeboten. Beide Muster sind mit Skiern erhältlich; die leistungsstärkere Version kann als Wasserflugzeug geflogen werden.

Pitts Special — USA

Photo: S-1
Daten: S-2A
Spannweite: 6,10 m
Länge: 5,56 m
Fluggewicht: 680 kg
max. Reisegeschwindigkeit: 225 km/h
max. Reichweite: 725 km

Die Pitts Special begann ihre Laufbahn als ein in herkömmlicher Bauweise gefertigter Kunstflug-Einsitzer von 90 PS, der zuerst im September 1944 geflogen wurde. Ihr Konstrukteur, Curtis Pitts, entwickelte die Konstruktion zur Aufnahme eines leistungsstärkeren Triebwerks von bis zu 180 PS weiter und brachte dann die zweisitzigen S-2 Special (180 PS Lycoming IO-360-B4A) und die S-2A (200 PS Lycoming) heraus. Ein größerer Erfolg wurde im Jahre 1972 erzielt, als die US-Nationalmannschaft die Pitts Special Maschinen flog, bei den 7. Kunstflug-Weltmeisterschaften in

Frankreich sowohl die Einzel- als auch Mannschaftsmeisterschaften der Herren und Damen gewann. Großbritanniens berühmtes Rothman's Aerobatic Team fliegt S-2A, die nur in fabrikgefertigter Form zu kaufen sind. Viele Einsitzer sind im Amateurbau erstellt, nach von Curtis Pitts herausgegebenen Plänen. Die Konstruktion ist in gemischter Holz- (Flügel) und Metall- (Rumpf und Leitwerk) Bauweise mit Stoffbespannung ausgeführt.

Procaer F15 Picchio — Italien

Photo und Daten:
F15E Picchio
Spannweite: 9,90 m
Länge: 7,50 m
Fluggewicht: 1360 kg
Reisegeschwindigkeit: 265–300 km/h
max. Reichweite: 1600 km bei 265 km/h

Die von Stelio Frati konstruierten Originalversionen der Picchio weisen als einmalige Besonderheit eine mit Sperrholz beplankte Ganzholzstruktur auf, die eine äußere Haut von aufgeklebtem Aluminium besitzt. Dies soll eine konkurrenzlose Oberflächengüte mit der einfachen Wartung der Holzkonstruktion und der Lebensdauer der Metallbeplankung kombinieren. Der Picchio Prototyp flog am 7. Mai 1959. Nachfolgende Serienmuster waren die 3sitzige F15 mit 160 PS Lycoming Motor (15 gebaut), die 4sitzige F15A mit 180 PS Lycoming (54 gebaut) und die F15B mit vergrößerter Flügelfläche (35 gebaut). Ein F15C Prototyp flog mit 260 PS Continental IO-470-E Motor, gefolgt von der Ganzmetall-F15E mit 300 PS Continental IO-520-F am 21. Dezember 1958. Vier weitere F15E waren 1974 im Bau.

Pützer Elster B — Deutschland

Drei Versionen dieses zweisitzigen (nebeneinander angeordnete Sitze) ganz aus Holz gebauten Leichtflugzeuges wurden hergestellt. Der ursprüngliche Elster A Prototyp hatte einen 52 PS Porsche 678/3 Motor. Das erste Serienmodell war die Elster B

Photo und Daten:
Elster B.
Spannweite: 13,20 m
Länge: 7,10 m
Fluggewicht: 700 kg
Reichweite: 450 km bei 150 km/h

mit 95 PS Continental C90-12F Motor, die zum Gebrauch bei den Sportfliegergruppen der Luftwaffe ausgewählt wurde. Ihr folgte die Elster C mit 150 PS Lycoming O-320 Motor, die hauptsächlich für Segelflugzeug-Schlepp vorgesehen war.

PZL-101A Gawron — Polen

Spannweite: (über Flügelendstücke gemessen) 12,68 m
Länge: 9,00 m
Fluggewicht: 1660 kg
Reisegeschwindigkeit: 130 km/h
max. Reichweite: 1140 km mit Außentanks

Die aus der sowjetischen Yak-12 Konstruktion entwickelte PZL-101 Gawron flog zum erstenmal im April 1958 und wurde später Standard-Landwirtschaftsflugzeug der osteuropäischen Länder. Die verbesserte PZL-101A war kontinuierlich von 1961—1973 in der Produktion und hatte den 260 PS Ivchenko AI-14R Motor als Antrieb. Die Maschine wird hauptsächlich für Landwirtschaftsarbeiten verwendet, kann jedoch auch für den Sanitätseinsatz sowie als Viersitzer für Verbindungsaufgaben ausgerüstet werden. Die Zuladung bei Landwirtschaftsflügen beträgt 500 kg. Ein Prototyp unter der Bezeichnung PZL-101AF mit 300 PS AI-14RF Motor flog am 30. August 1966, kam jedoch nicht in die Serienfertigung. Letzte Serien-Gawron haben Flügelspitzen mit Laminar-Strömung anstelle der früheren Endplatten, die die Spannweite auf 13,03 m vergrößerten.

PZL-104 Wilga (und Lipnur Gelatik) — Polen

Photo und Daten:
Wilga 35A
Spannweite: 11,14 m
Länge: 8,10 m
Fluggewicht: 1250 kg
Reisegeschwindigkeit:
125–195 km/h
max. Reichweite: 680 km

Der ursprüngliche Wilga 1 Prototyp flog am 24. April 1962 mit einem 130 PS Narkiewicz WN-6B Motor. Der Rumpf und das Leitwerk wurden dann vollständig überarbeitet, und die daraus resultierende Wilga 2 flog am 1. August 1963 mit einem 195 PS WN-6RB Motor. Ihr folgte am 30. Dezember die Wilga C mit 225 PS Continental O-470, und eine abgeänderte Version dieses Musters wurde in Indonesien als Lipnur Gelatik in die Produktion gegeben. Insgesamt wurden 56 Gelatik gebaut, heutige Muster als Gelatik 32 mit 230 PS O-470-L Motor. Erste polnische Serienversionen war der Wilga 3A Mehrzweck-Viersitzer für Fliegerclubs und die Wilga 3S für Sanitätsaufgaben. Beide mit 260 PS Ivchenko AI-14R Sternmotor. Im Jahre 1967 eingeführte, verbesserte Versionen sind die Wilga 32 (O-470-L oder R) und Wilga 35 (AI-14R), die als 32A/35A Club, 32P/35P Passagier/Verbindungs- und 32S/35S Sanitätsflugzeugmuster gebaut wurden. Mehr als 170 Wilga sind bis Anfang 1974 in Polen hergestellt worden.

Republic RC-3 Seabee — USA und Kanada
Trident Trigull-320

Insgesamt wurden 1060 viersitzige Ganzmetall-Amphibien-Leichtflugzeuge des Typs Seabee von 1946—47 bei Republic gebaut, wovon eine beträchtliche Anzahl im Einsatz geblieben ist, hauptsächlich in Nord- und Südamerika. Der RC-1 Prototyp (Erstflug November 1944) hatte einen 175 PS Franklin Motor, die Serien-RC-3 sind jedoch mit dem 215 PS Franklin 6A8-215-B8F Motor ausgerüstet. Ein Flugzeug ähnlicher Konfiguration, jedoch mit einem

Photo und Daten: Seabee
Spannweite: 11,48 m
Länge: 8,51 m
Fluggewicht: 1360 kg
Reichweite: 900 km bei 165 km/h

320 PS Continental Tiara Motor, 6 Sitzen und einziehbarem Dreibein-Fahrgestell ist in Kanada als Trident Trigull-320 in der Entwicklung.

Robin (CEA) DR 220 »2+2« (und DR 221 Dauphin und DR 250) — Frankreich

Photo: DR 250
Daten: DR 220 »2+2«
Spannweite: 8,72 m
Länge: 7,00 m
Fluggewicht: 780 kg
Reisegeschwindigkeit: 200–210 km/h
max. Reichweite: 965 km

Die DR 220 ist eine stark verfeinerte Weiterentwicklung der Jodel DR 1050 Familie. Sie behält die sperrholzbeplankte und stoffbespannte Holzzelle sowie den 100 PS Rolls-Royce/Continental O-200-A Motor der letzteren bei. Sie kann jedoch, wie ihre Bezeichnung »2+2« andeutet, einen Erwachsenen oder zwei Kinder in der hinteren Kabine zusätzlich zu dem Piloten und Passagier vorn befördern. 85 Stück wurden bis Januar 1972 gebaut. Darunter sind die verstärkten DR 220A und DR 220/108 mit 108 PS Lycoming Motor. Die 3/4 sitzige DR 221 Dauphin (62 gebaut) und DR 250 (102 gebaut) sind in der Bauweise und äußeren Erscheinung gleich, haben aber den 115 PS Lycoming O-235-C2A bzw. den 160 PS Lycoming O-320 Motor. Die Produktion aller drei Typen ist ausgelaufen.

Robin (CEA) DR 253 Regent **Frankreich**

Spannweite: 8,72 m
Länge: 7,18 m
Fluggewicht: 1100 kg
Reisegeschwindigkeit: 240–260 km/h
Reichweite: 1170–1560 km

Als erstes Serienflugzeug von Centre Est (jetzt Robin) mit einem Dreibein-Fahrgestell flog die Regent erstmals am 30. März 1967. Die Kabine bietet normalerweise vier Sitze, ist aber groß genug, um fünf Personen auf kurzen Flügen zu befördern. Standard-Triebwerk ist ein 180 PS Lycoming O-360-A2A. Vollständige Blindfluginstrumente und Funk-Navigationsausrüstung kann für Allwetterflüge eingebaut werden. Die DR 400/180 löste die DR 253 ab.

Robin (CEA) DR 300 Reihe **Frankreich**

Photo: DR 300/125 Petit Prince
Daten: DR 340
Spannweite: 8,72 m
Länge: 6,96 m
Fluggewicht: 1000 kg
Reisegeschwindigkeit: 230–255 km/h
Reichweite: 1370 km bei 255 km/h

Die obigen Bezeichnungen betreffen eine Reihe von acht untereinander verwandten Flugzeugen, die von gleicher Bauart sind wie die DR 220/221/250, aber ein festes Dreibeinfahrwerk haben und solche Verbesserungen aufweisen wie verfeinerte Flügelwölbung für verbesserte Flugleistung und Handhabung. Die DR 300/108 »2+2 Dreibeinfahrwerk«, die auf der DR 220 basiert, hat einen 108 PS Lycoming O-235-C2A Motor und machte am 29. Mai 1970 ihren Erstflug. Die DR 300/125 Petit Prince ist ein 3/4-Sitzer, hat einen 125 PS Lycoming O-235 und flog im Juni 1970. Die 4sitzige DR 300/140 Petit Prince flog am 25. März 1970.

Die 4sitzige DR 300/180 R Remorqueur (Reise-/Schleppflugzeug) hat einen 180 PS Lycoming O-360-A2A und flog am 26. Mai 1970. Die DR 315 Cadet ist ein 3/4-Sitzer mit 108/115 PS O-235-C2A, der am 21. März 1968 flog. Die 4sitzige DR 340 Major mit 140/150 PS Lycoming O-320-E flog am 27. Februar 1968. Die DR 360 Major 160 ist eine Luxus-Version mit 160 PS O-360-E Motor. Die DR 380 Prince machte am 15. Oktober 1968 ihren Erstflug, ist von gleicher Größe, hat aber einen 180 PS O-360-D. Alle Maschinen sind durch die DR-400 Baureihe abgelöst worden.

Robin (CEA) DR 400 Reihe — Frankreich

Photo und Daten:
DR 400/180 Régent
Spannweite: 8,72 m
Länge: 7,18 m
Fluggewicht: 1100 kg
Reisegeschwindigkeit: 250–265 km/h
max. Reichweite: 1470 km bei 250 km/h

Die DR 400 Baureihe unterscheidet sich von der DR 300 Reihe, die sie 1972/73 ersetzte, hauptsächlich dadurch, daß sie ein nach vorn verschiebbares Kabinendach und heruntergezogene Kabinenfenster für verbesserten Zugang und verbesserte Sicht besaß. Die Gesamtzahl der produzierten Maschinen betrug bis Februar 1974 24 DR 400/2+2 2/4-Sitzer mit 108 PS Lycoming O-235-C2C Motor; 41 3/4sitzige DR 400/125 Petit Prince mit 125 PS O-235-F2B; 41 4sitzige DR 400/140 Major mit 140 PS Lycoming O-320-E; 36 4sitzige DR 400/160 Chevalier mit 160 PS O-320-D; 49 4/5sitzige DR 400/180 Régent (technische Daten oben) mit 180 PS Lycoming O-360-A und 28 4sitzige DR 400/180R Remorqueur Schleppflugzeuge mit dem O-360-A.

Robin (CEA) HR 100 Reihe — Frankreich

Die Produktion der ursprünglichen Ganzmetall-HR 100/200 mit 200 PS Lycoming IO-360-A1D6 begann im Jahre 1971. Nach dem Bau von etwa 30 Maschinen wurden sie von der HR 100/210 (tech-

Daten: HR 100/210
Spannweite: 9,08 m
Länge: 7,39 m
Fluggewicht: 1250 kg
max. Reisegeschwindigkeit: 270 km/h
max. Reichweite: 2700 km bei max. Reisegeschw. m. zusätzl. Kraftstoff.

nische Daten oben), einem Viersitzer mit 210 PS Continental IO-360-D Motor abgelöst; 54 Stück sind bis Februar 1974 gebaut worden. Die zuerst am 18. November 1972 geflogene HR 100/ Tiara war das erste Leichtflugzeug von Robin mit einziehbarem Fahrwerk. Als 4/5-Sitzer mit 320 PS Continental Tiara 6-320 Motor hat sie eine zeitweilige Zulassung für den 285 PS Tiara 6-285B bis zum Erscheinen des 6-320. Die HR 100-235, welche außer ihrem 235 PS Lycoming O-540-B Motor sonst ähnlich ist, befindet sich zusammen mit der HR 100/4+2, welche der HR 100/Tiara außer der verlängerten Kabine, in der bis zu 6 Personen ohne Gepäck Platz haben, gleich ist, in der Entwicklung.

Robin (CEA) HR 200 Reihe — Frankreich

Photo und Daten:
HR 200/100
Spannweite: 8,33 m
Länge: 6,64 m
Fluggewicht: 760 kg
max. Reisegeschwindigkeit: 215 km/h
max. Reichweite: 1080 km

Dieser Ganzmetall-Zweisitzer ist speziell für den Gebrauch bei Clubs und Flugschulen vorgesehen, und er machte am 30. Juli 1971 seinen Erstflug. Er kam im Jahre 1973 in die Serienfertigung, und die Gesamtzahl der Auslieferungen bis Februar 1974 betrug 9 HR 200/100 (technische Daten oben) mit 108 PS Lycoming O-235-H2C; 5 HR 200/120 mit 125 PS O-235-J2A und 1 HR 200/ 160 mit 160 PS Lycoming O-320-D. Ebenfalls angeboten wird die HR 200/140 mit 140 PS O-320-E. Eine Kunstflugversion mit dem Namen Acrobin ist in der Entwicklung.

Rockwell Commander Muster 111 und 112 USA

Photo und Daten:
Muster 112A
Spannweite: 10,03 m
Länge: 7,62 m
Fluggewicht: 1202 kg
max. Reisegeschwindigkeit: 259 km/h
max. Reichweite: 1655 km

Die viersitzige, einmotorige Aero Commander Muster 112 flog am 4. Dezember 1970 als erstes einer ganz neuen Reihe von Leichtflugzeugen, welche viele einfache Bauteile verwendeten. Die 112 wird von einem 200 PS Lycoming IO-360-C1D6 Motor angetrieben und hat ein einziehbares Fahrwerk. Auslieferungen begannen Ende 1972, und dieser Version folgte das verbesserte Muster 112A wie beschrieben und abgebildet. Das Muster 111 (Erstflug 1971) ist außer dem festen Fahrgestell gleich.

Rockwell Trush Commander USA

Spannweite: 13,54 m
Länge: 8,95 m
Fluggewicht: 3130 kg
Arbeitsgeschwindigkeit: 155–180 km/h
max. Reichweite: 755 km

Als größtes der früheren Reihe von Landwirtschaftsflugzeugen der Firma Rockwell (North American) und einziges noch immer von der Mutterfirma hergestelltes Muster wurde dieses Flugzeug ursprünglich von einer Vielfalt von Motorfabrikaten angetrieben (früherer Hersteller: Snow Aeronautical Corp., 1958 bis 1965). Snow wurde dann von Aero Commander übernommen, welche die S-2D Version mit 600 PS Pratt & Whitney R-1340-S3H1 Motor als Ag Commander S-2D weiterbaute. Nach der Fusion von Aero Commander mit North American wurde dieselbe

Grundkonstruktion die Trush Commander mit R-1340-AN-1 Motor als Antrieb und einer Zuladung von 1488 kg. Gleichfalls immer noch im Dienst sind viele 220 PS Snow S-2A, 450 PS S-2B und 450/600 PS S-2C.

Rollason Beta — Großbritannien

Photo und Daten: Beta B2
Spannweite: 6,22 m
Länge: 5,08 m
Fluggewicht: 385 kg
max. Reisegeschwindigkeit: 265 km/h
max. Reichweite: 515 km bei 265 km/h

Die ursprüngliche Beta-Konstruktion war das Werk von fünf BAC-Konstrukteuren, die sich die Luton Group nannten. Sie sollte ein Beitrag für die von Norman Jones, einem Direktor der Fa. Rollason, organisierte Midget Racer Design Competition sein. Die Beta gewann gegen 41 weitere Teilnehmer die Konkurrenz. Ein Prototyp unter der Bezeichnung Beta B1 wurde von Rollason gebaut und mit einem 65 PS Continental A 65 Motor ausgerüstet. Er flog erstmals am 21. April 1967. Später wurde er auf Beta B2 Standard umgebaut, mit dem 90 PS Continental C90 Motor. Die erste Original B2 flog am 15. Februar 1969; andere sind gefolgt, und 50 Amateurbausätze der Beta wurden an Bastler verkauft. Beta Muster fliegen regelmäßig britische Formel-Eins-Rennen gegen US-Flugzeugkonstruktionen.

Rollason/Druine D.31 Turbulent — Großbritannien

Dieser ultraleichte Einsitzer und sein zweisitziges Gegenstück, die Turbi, wurden von dem prächtigen jungen Franzosen Roger Druine konstruiert, der bei seinem Tode erst 37 Jahre alt war. Pläne für beide Flugzeuge stehen Amateurflugzeugbauern zur Verfügung und viele sind auf der ganzen Welt hergestellt worden. Die Turbulent wird auch fabrikmäßig von Rollason in Eng-

Spannweite: 6,58 m
Länge: 5,33 m
Fluggewicht: 281 kg
Reisgeschwindigkeit:
140–160 km/h
max. Reichweite: 400 km

land gebaut und die obigen Daten beziehen sich auf das Grundmuster D.31 dieser Firma mit dem 45 PS Ardem 4CO 2 Mk 4 (umgebauter Volkswagen) Motor, von dem 1973 30 Stück fertiggestellt wurden. Rollason baute auch 3 D31A mit Ardem Mk X Motor, verbessertem Hauptholm und einem Gewicht von 316 kg. Diese Maschinen haben die volle Zulassung anstelle der üblichen Flugerlaubnis. Sie sind in Holzbauweise hergestellt mit stoffbespannten Flügeln und sperrholzbeplanktem Rumpf. Einige Turbulent haben geschlossene Cockpits und Radverkleidungen.

Rollason/Druine D.62 Condor — Großbritannien

Photo: D.62B Condor
Daten: D.62C Condor
Spannweite: 8,38 m
Länge: 6,86 m
Fluggewicht: 670 kg
Reisegeschwindigkeit:
170–185 km/h
max. Reichweite: 530 km

Roger Druine sah diesen verfeinerten Zweisitzer (nebeneinander angeordnete Sitze) hauptsächlich für die fabrikmäßige Herstellung vor. Nach dem Bau des D.62 Prototyps mit 90 PS Continental C90 Motor im Jahre 1961 stellte die Rollason Aircraft in England zwei D.62A mit 100 PS Rolls-Royce/Continental O-200-A Motor her. Dieses Triebwerk wurde in den weiter verbesserten D.62B, welche das Hauptserienmuster wurde, beibehalten. Bis Frühjahr 1973 sind 39 Stück fertiggestellt worden, dazu 9 D.62C mit 130 PS Rolls-Royce/Continental O-240 Motor, größeren Rädern und angehobenem Kabinendach für Segelflugzeugschlepp. Die Maschinen sind in Holzbauweise gefertigt, mit stoffbespannten Flügeln und sperrholzbeplanktem Rumpf.

Saab-91 Safir **Schweden**

Photo: Saab-91C
Daten: Saab-91D
Spannweite: 10,59 m
Länge: 8,03 m
Fluggewicht: 1206 kg
Reisegeschwindigkeit: 220–235 km/h
max. Reichweite: 1060 km

Der Safir Prototyp flog am 20. November 1945 mit einem 130 PS Gipsy Major 1C Motor. Später wurden vier Serienversionen gebaut. Die Saab-91A (145 PS Gipsy Major 10) und Saab-91B (190 PS Lycoming O-435-A) sind 3-Sitzer; die Saab-91 C (O-435A) und Saab-91D (180 PS Lycoming O-360-A1A) sind 4-Sitzer. Die meisten der etwa 320 hergestellten Safir gingen als Anfängerschulflugzeuge an die Luftstreitkräfte, jedoch wurde eine Anzahl von B und D von Luftfahrtgesellschaften und zivilen Behörden zur Piloten-Schulung verwendet.

S.A.I. KZ VII Laerke (und KZ III) **Dänemark**

Photo und Daten:
KZ VII Laerke
Spannweite: 9,60 m
Länge: 6,48 m
Fluggewicht: 866 kg
Reichweite: 725 km bei 175 km/h

Der Prototyp dieses 4sitzigen Leichtflugzeuges flog zum erstenmal am 11. November 1946, ihm folgten 55 Serienmuster. Standard-Triebwerk war ein 125 PS Continental C125-2, aber sieben Laerke wurden mit 145 PS Continental C145-2 Motoren in die Schweiz geliefert. Einige Exemplare jeder Version sind lufttüchtig geblieben, zusammen mit einer Anzahl KZ III, Zweisitzer mit einem 100 PS Cirrus Minor II Motor. Beide Muster haben Holzflügel und einen stoffbespannten Stahlrohrrumpf.

Schweizer Muster TSC-1A Teal — USA

Photo: TSC-1A1 Teal
Daten: TSC-1A2 Teal II
Spannweite: 9,73 m
Länge: 7,19 m
Fluggewicht: 998 kg
Reisegeschwindigkeit: 175–190 km/h
Reichweite: 760–1200 km

Das Teal Amphibienflugzeug wurde von der früheren Thurston Aircraft Corporation konstruiert, die es sich zur Aufgabe gemacht hatte, einen einfachen wirtschaftlichen Zweisitzer mit bequemer Handhabung für den Markt der allgemeinen Luftfahrt zu entwikkeln. Der Prototyp flog im Juni 1968, und die Produktion wurde schließlich von der Schweizer Aircraft Corporation übernommen. Das Flugzeug ist in Ganzmetallbauweise hergestellt, der Antrieb ein 150 PS Lycoming O-320-A3B. Die ersten 15 Teal waren TSC-1A Zweisitzer. Die Produktion wurde dann auf die TSC-1A1 umgestellt mit einem wahlweise dritten Sitz im Gepäckabteil, überarbeitetem Kraftstofftank sowie weiteren Verfeinerungen. Derzeitige Version ist die TSC-1A2 Teal II mit Schlitzklappen.

SIAI-Marchetti S.208 (und S.205 und Waco S.220 Vela) — Italien/USA

Photo und Daten: S.208
Spannweite: 10,86 m
Länge: 8,00 m
Fluggewicht: 1500 kg
max. Reisegeschwindigkeit: 300 km/h
max. Reichweite: 2000 km

Die S.205 ist ein 4sitziges Leichtflugzeug in Ganzmetallbauweise, das ein einziehbares oder festes Fahrwerk haben kann. Von 1964 bis 1972 gebaute Versionen waren die S.205-18F (= festes Fahrwerk) und die S.205-18/R (= einziehbares Fahrwerk) mit 180 PS Lycoming O-360-A1A Motor; die S.205-20/F und S.205-20/R mit 200 PS Lycoming IO-360-A1A Motor, und die S.205-22/R mit 220 PS Franklin 6A-350-C1 Motor. Die 22/R wurde gleichfalls unter Lizenz in den USA als die Waco S.220 Vela eine Zeitlang gebaut. Insgesamt wurden 475 S.205 hergestellt einschließlich 62 Vela. Die S.208 entspricht im allgemeinen der 20/R, hat jedoch einen 260 PS Lycoming O-540-E4A5 Motor und fünf Sitze. Etwa 80 zivile Exemplare wurden ausgeliefert. Die Produktion läuft weiter.

SIAI-Marchetti SF.260 — Italien

Spannweite: 8,25 m
Länge: 7,02 m
Fluggewicht: 345 km/h
max. Reisegeschwindigkeit: 345 km/h
max. Reichweite: 2050 km

Der Prototyp dieser Konstruktion war die F.250 mit 250 PS Lycoming Motor. Von Ing. Stelio Frati konstruiert und Aviamilano gebaut, machte er am 15. Juli 1964 seinen Erstflug. SIAI-Marchetti erwarb die Produktionsrechte und hat 100 Exemplare der weiterentwickelten SF.260 mit einem 260 PS Lycoming O-540-E4A5 Motor gebaut, um Aufträge der Air France, Sabena und anderer Kunden zu erfüllen. Die Firma erhielt auch Aufträge für 157 Militär-Schulflugzeuge SF.260MX und bewaffnete Mehrzweck-Militärflugzeuge SF.260W mit verschiedenen baulichen Veränderungen. Das SF.260 Grundmuster ist ein Ganzmetall-Dreisitzer mit Kunstflugeignung.

SIPA S.903 — Frankreich

Der SIPA S.90 Prototyp mit 75 PS Mathis 4G-60 Motor wurde zur Teilnahme an einem Wettbewerb im Jahre 1946 für ein zweisitziges Flugzeug zur Verwendung bei den französischen Fliegerclubs von Yves Gardan konstruiert. Insgesamt wurden später

Photo und Daten: S.903
Spannweite: 8,75 m
Länge: 5,75 m
Fluggewicht: 630 kg
Reichweite: 450 km bei 155 km/h

100 Serienmuster mit einer Vielfalt von verschiedenen Antriebsmotoren gebaut. Die einzige noch fliegende Maschine ist die S.903 mit dem 90 PS Continental C90-8F.

Slingsby-Scheibe T.61 Falke — Großbritannien/Deutschland

Spannweite: 15,30 m
Länge: 7,58 m
Fluggewicht: 530 kg
max. Reisegeschwindigkeit: 130 km/h
max. Reichweite: 350–400 km

Die SF-25B Falke — manchmal Motor-Falke genannt — wurde von der Scheibe Flugzeugbau konstruiert und annähernd 350 Stück sind bis Anfang 1973 in Deutschland gebaut worden. Als Tiefdecker in typischer Segelflugzeug-Auslegung und Bauweise bietet der Falke zwei nebeneinander angeordnete Sitze und besitzt ein einzelnes Landerad mit gefederten Stabilisierungsrädern unter jedem Flügel und ein lenkbares Spornrad. Er kann wie ein Segelflugzeug mit abgestelltem Motor, der in der Luft angelassen wird, hochgeschleppt werden. Im Laufe des Jahres 1970 erhielt die Firma Slingsby Sailplanes in Großbritannien die Nachbaurechte. Die Slingsby-Version heißt T.61 Falke und ist in jeder Hinsicht dem deutschen Original gleich. Der Bau der ersten Maschine begann im April 1970, und bis Anfang 1973 sind insgesamt 35 Stück gebaut worden. Die Scheibe SF-25C ist gleich mit einem 60 PS Sportavia-Limbach-Motor als Antrieb.

Socata (Gardan) GY-80 Horizon — Frankreich

Photo und Daten:
160 PS Version
Spannweite: 9,70 m
Länge: 6,64 m
Fluggewicht: 1100 kg
max. Reisegeschwindigkeit: 235 km/h
max. Reichweite: 950 km

Dieses viersitzige Ganzmetall-Leichtflugzeug wurde als private Unternehmung durch Yves Gardan konstruiert und in Lizenz von Socata, einer Tochtergesellschaft der Sud-Aviation produziert. Die ersten 75 im März 1965 ausgelieferten Maschinen hatten entweder 150 PS oder 160 PS Lycoming O-320 Motoren. Eine Version mit 180 PS O-360 Motor wurde später ebenfalls gebaut, und insgesamt 260 Horizon aller Muster wurden hergestellt.

Socata (Aérospatiale) M.S.880/890 Rallye Reihe — Frankreich

Photo: M.S. 880B
Daten: Rallye 180GT
Spannweite: 9,61 m
Länge: 7,24 m
Fluggewicht: 1050 kg
max. Reisegeschwindigkeit: 225 km/h
max. Reichweite: 1050 km

Der Morane-Saulnier M.S.880A Rallye-Club Prototyp flog mit 90 PS Continental Motor am 10. Juni 1959. In die Produktion ging die M.S.880B (100 PS Continental O-200-A) und die M.S.885 Super Rallye (145 PS Continental O-300-C), beide Maschinen waren 3/4-Sitzer. Viele andere Maschinen mit verschiedenen Antriebsmotoren folgten. Derzeitig von Socata (Tochtergesellschaft der Aérospatiale) produzierte Flugzeuge sind der 3/4sitzige Rallye 100T Grundtyp (Reiseflugzeug) mit 100 PS Rolls-Royce Continental O-200-A Motor, der Sport Zweisitzer Rallye 100S, die Rallye

125 mit 125 PS Lycoming O-235-F2A Motor und vier Sitzen, die Rallye 150 GT mit vier Sitzen und einem 150 PS Lycoming O-320-E2A Motor; die viersitzige Rallye 180GT, ein Reise-, Landwirtschafts- und Schleppflugzeug mit 180 PS Lycoming O-360-A2A Motor und die Rallye 220GT mit 220 PS Franklin 6A-350-C1 und vier Sitzen. Gut über 2250 Rallye aller Muster wurden gebaut.

Socata ST 10 Diplomate — Frankreich

Spannweite: 9,70 m
Länge: 7,26 m
Fluggewicht: 1220 kg
max. Reisegeschwindigkeit: 265 km/h
max. Reichweite: 1385 km mit voller Zuladung

Der Prototyp der Diplomate (zunächst mit der Bezeichnung Provence) wurde durch Verlängerung des Rumpfes der GY-80 Horizon und Überarbeitung der Kabine entwickelt. Er machte am 7. November 1967 seinen Erstflug. Mit weiteren Änderungen des Leitwerks und einem 200 PS Lycoming IO-360-C1B Motor erhielt die Diplomate im Jahre 1969 ihre Zulassung und bis Anfang 1974 wurden 56 Stück ausgeliefert. Die Grundversion ist ein Viersitzer, aber die 12 von der brasilianischen Varig gekauften Maschinen werden als Schulflugzeuge für Linienpiloten verwendet.

Sportavia Avion-Planeur Reihe — Deutschland

Der von René Fournier konstruierte Avion-Planeur ist voll kunstflugtauglich und hat eine Flugleistung, die es ihm ermöglicht, als leichtes Sportflugzeug und Segelschulflugzeug zu fliegen. Nach 95 von Alpavia in Frankreich produzierten RF3 wurde die Fertigung Sportavia in Deutschland übertragen, wo 160 der verbesserten einsitzigen RF4D mit 40 PS von Rectimo umgebauten VW-Motor von 1966—71 hergestellt wurden. Sportavia baut den Tan-

Photo: RF5B Sperber
Daten: Sportavia RF5
Spannweite: 13,74
Länge: 7,80 m
Fluggewicht: 660 kg
Reisegeschwindigkeit: 120–190 km/h
max. Reichweite: 760 km

dem-Zweisitzer Avion-Planeur RF5 (120 Stück bis Anfang 1973 fertiggestellt) mit 68 PS Sportavia-Limbach SL1700E Comet Motor, die RF5B Sperber einer Hochleistungs-Weiterentwicklung der RF5 mit 17,02 m Spannweite, die RF55, welche sich von der Sperber durch den 60 PS Franklin Motor unterscheidet, und die SFS 31 Milan, die den RF4D Rumpf, das Leitwerk und das Triebwerk mit den 15 m Flügeln des Segelflugzeugs Scheibe SF-27M miteinander kombiniert.

Stampe S.V.4 — Belgien/Frankreich

Photo: S.V.4B
Daten: S.V.4C
Spannweite: 8,38 m
Länge: 6,96 m
Fluggewicht: 778 kg
max. Reisegeschwindigkeit: 175 km/h

Die ursprüngliche S.V.4B Serien-Version dieses zweisitzigen Anfänger-Schulflugzeuges wurde mit einem 130 PS Gipsy Major Motor und geschlossenem Cockpit in Belgien gebaut. Die S.V.4C mit offenem Cockpit und einem 140 PS Renault 4 Pei Motor wurde von Nord hergestellt, und zahlreiche Exemplare hiervon sind bei Fliegerclubs in Frankreich und anderswo weiterhin im Einsatz. Sie werden speziell als Kunstflugzeuge hoch geschätzt und viele erscheinen im britischen Zivilregister.

Stearman 75 (Boeing Kaydet) USA

Spannweite: 9,80 m
Länge: 7,54 m
Fluggewicht: 1195 kg
Reichweite: 812 km bei 170 km/h

Dieses zweisitzige (Tandem) Schulflugzeug flog zuerst im Jahre 1934 und wurde später zur Standard-Ausrüstung bei der amerikanischen Luftwaffe und Marine. Als sie zum überschüssigen militärischen Material erklärt wurden, kamen mehr als 4000 Stück zum Umbau für landwirtschaftliche Arbeiten, von denen viele, hauptsächlich in den USA, noch immer fliegen. Einige Maschinen sind durch Einbau besonderer stoffbespannter Metallflügel mit Hochauftriebseigenschaften und Endplatten verbessert worden, deren Hersteller die American Airmotive Corp. war. Die Standard Stearman 75 hat einen 220 PS Continental R-670 Motor. Verschiedene andere Motoren wurden eingebaut, darunter der 225 PS Jacobs R-755 Motor.

Stinson 10 Voyager (und 105 Voyager) USA

Daten: Muster 10 Voyager
Spannweite: 10,52 m
Länge: 6,78 m
Fluggewicht: 737 kg
Reichweite: 645 km bei 180 km/h

Als die dreisitzige Stinson Model 105 Voyager im Jahre 1939 in die Serienfertigung ging, war die Tatsache, daß sie mit Schlitzklappen als Standardausrüstung ausgestattet war, besonders bemerkenswert. Triebwerk war ein 75 PS Continental A75. 1940 wurde sie von der Model 10 Voyager (80 PS Continental) und ihrer Varianten, der 10A (90 PS Franklin 4AC-199) und 10B (75 PS Lycoming) abgelöst. Viele Exemplare sowohl des Musters 105 als auch des Musters 10 fliegen immer noch.

Stinson (Vultee) V-76 Sentinel — USA

Spannweite: 10,36 m
Länge: 7,34 m
Fluggewicht: 930 kg
Reichweite: 675 km bei 180 km/h

Die zuerst im Jahre 1941 geflogene Sentinel war ein zweisitziges Verbindungs- und Beobachtungsflugzeug, das aus der Model 105 Voyager (oben) entwickelt wurde. Insgesamt wurden 3283 Stück mit der Bezeichnung L-5 für die US-Armee gebaut, und viele dieser Maschinen gingen an private Eigner über, normalerweise mit einem 185 PS Lycoming O-435-1 Motor.

Taylorcraft Plus D — Großbritannien

Der Plus D Prototyp war das 25. von Taylorcraft Aeroplanes (England) Ltd vor dem Zweiten Weltkrieg in Lizenz der American Taylorcraft Company gebaute Flugzeug. Nach Auslieferung acht weiterer Maschinen hatte die Firma ihre Aufmerksamkeit auf einen Kontrakt für weitere 100 gleiche Flugzeuge zu richten, die zur Luftraumbeobachtung von der RAF benötigt wurden. Die militärischen Muster wurden Auster 1 genannt und aus ihnen entstand die lange Reihe der Auster Hochdecker, die früher in diesem Buch beschrieben wurden. Nach dem Kriege wurden 58 frühere RAF Maschinen als zivile Taylorcraft Plus D verkauft, welche zu

Spannweite: 10,97 m
Länge: 6,96 m
Fluggewicht: 657 kg
Reichweite: 525 km bei
165 km/h

den ursprünglichen acht übriggebliebenen kamen. Einige fliegen immer noch in England und andere im übrigen Europa. Es sind Zweisitzer mit dem 90 PS Cirrus Minor 1 Motor.

Temco D-16 Riley Twin und Camair Twin Navion — USA

Photo und Daten:
Twin Navion D
Spannweite: 10,57 m
Länge: 8,53 m
Fluggewicht: 2040 kg
max. Reisegeschwindig-
320 km/h

Im April 1952 stellte Jack Riley von Riley Aeronautics einen zweimotorigen Umbau der Navion fertig, indem er zwei 140 PS Lycoming O-290-D2A Motoren anstelle des ursprünglichen einzelnen 205 PS Continental Motor einbaute. Das Flugzeug erwies sich als so erfolgreich, daß Temco eine Taktstraße für Riley-Twin-Umbauten erstellte, und die Motorleistungen nach und nach auf 150 PS Lycoming O-320 und 170 PS Lycoming O-340-A1A aufstockte. Viele Muster fliegen immer noch zusammen mit Camair Twin Navion. Die zuletzt genannte Maschine ist das leistungsstärkere Flugzeug, die Twin Navion B hat 240 PS Continental und die Twin Navion C 260 PS Continental IO-470-D Motoren. Einige B- und C-Muster sind auf Twin Navion D Standard mit 300 PS Continental IO-520 Motoren umgebaut worden.

Tipsy Trainer und Belfair

Belgien

Photo: Tipsy Trainer
Daten: Tipsy Belfair
Spannweite: 9,50 m
Länge: 6,60 m
Fluggewicht: 485 kg
Reichweite: 485 km bei 160 km/h

Die vor dem Kriege von dem damaligen Direktor der Avions Fairey in Belgien konstruierte zweisitzige Tipsy B und die äußerlich gleiche Tipsy Trainer haben einen 62 PS Walter Mikron II Motor. Sie wurden sowohl in Belgien als auch in England gebaut und haben normalerweise ein offenes Cockpit. Die Belfair (wie oben beschrieben) ist gleich, hat jedoch ein geschlossenes Cockpit als Normalausführung. Einige Flugzeuge dieses Musters sind in England noch immer im Einsatz. Andere sind auf dem Kontinent registriert.

Transavia PL-12 Airtruk

Australien

Spannweite: 12,15 m
Länge: 6,35 m
Fluggewicht: 1855 kg
max. Reisegeschwindigkeit: 175 km/h
Reichweite: 1200–1300 km

Dieses merkwürdig aussehende Flugzeug wurde von Luigi Pellarini eigens für landwirtschaftliche Aufgaben konstruiert. Das Leitwerk baut sich aus zwei vollständig unabhängigen Zusammenbauten auf, von denen jeder von einem eigenen schlanken Rumpf getragen wird. Das ermöglicht dem Ladefahrzeug zwischen die Rümpfe zu fahren und die Chemikalien direkt in den hinter dem einsitzigen Cockpit gelegenen Behälter zu füllen. Anstelle des Behälters können zwei Sitze eingebaut werden. Die Maschine wird von einem 300 PS Continental IO-520-D Motor angetrieben. Der Airtruk Prototyp flog am 22. April 1965, und 60 Standard PL-12 wurden an Kunden in Australien, Neuseeland, Thailand und Afrika bis Juni 1973 ausgeliefert, zusammen mit zwei PL-12-U Vielzweckversionen für Fracht- und Passagiertransport, Sanitäts- und Vermessungsaufgaben, mit Sitzen für 1 Person hinter dem Piloten und 4 weiteren in einer tiefer gelegenen Kabine.

UTVA-60 und UTVA-66 — Jugoslawien

Photo: UTVA-60
Daten: UTVA-66
Spannweite: 11,40 m
Länge: 8,38 m
Fluggewicht: 1814 kg
max. Reisegeschwindigkeit: 230 km/h
normale Reichweite: 750 km

Diese Flugzeuge haben ihren Ursprung in dem viersitzigen Mehrzweck-Eindecker UTVA-56, der zum ersten Mal am 22. April 1959 flog. Durch Ersetzen des 56er 260 PS Motors mit einem 270 PS Lycoming IO-480-B1A6 sowie andere Verbesserungen entwickelten die Konstrukteure die Serien-UTVA-60. Varianten sind die U-60-AT1, ein viersitziges Basis-Mehrzweckflugzeug, das Muster U-60-AT2 mit Doppelsteuer, das landwirtschaftliche Sprüh- und Bestäubungsflugzeug U-60-AG, das Sanitätsflugzeug U-60-AM für zwei Tragbahren und das Wasserflugzeug U-60H mit 296 PS GO-480-G1H6 Motor. Die UTVA-66 mit 270 PS GSO-480-B1J6 Motor und festen Schlitzen wurde in der Mitte der 60er Jahre dieser Baureihe hinzugefügt, in Versionen als Mehrzweck-, Sanitäts- und Wasserflugzeug.

UTVA-65 Privrednik — Jugoslawien

Der Prototyp dieses im Frühjahr 1965 fertiggestellten Landwirtschaftsflugzeuges umfaßte die Tragflügel-, Leit- und Fahrwerk-Grundkonstruktionen der UTVA-60. Er wurde von einem 270 PS Lycoming Motor angetrieben, der jedoch durch einen 295 PS

Photo:
Super Privrednik-350
Daten: Privrednik-GO.
Spannweite: 12,22 m
Länge: 8,46 m
Fluggewicht: 1850 kg
max. Geschwindigkeit: 205 km/h

Lycoming GO-480-G1A6 bei der ersten Privrednik-GO Serienversion ersetzt wurde, einem Flugzeug-Muster, das eine Zuladung von 600 kg befördern kann. Im Jahre 1967 wurden die Arbeiten an der Privrednik-IO begonnen, mit Lycoming IO-540-K1A5 Motor, weicher gefedertem Fahrwerk und weiteren Änderungen, um die Maschine attraktiver für den westlichen Markt zu machen. Beide Muster wurden von der Super Privrednik-350, mit einem IGO-540-A1C Motor und 660 kg Zuladung abgelöst.

Wassmer WA-40A Super 4 Sancy (und WA 4/21 und WA-41 Baladou) — Frankreich

Photo: WA-41 Baladou
Daten: WA-4/21
Spannweite: 10,00 m
Länge: 7,80 m
Fluggewicht: 1410 kg
max. Reisegeschwindigkeit: 310 km/h
max. Reichweite: 2790 km

Der WA-40 Prototyp flog am 8. Juni 1959, und ihm folgten eine Produktionsserie von 52 gleichen Flugzeugen. Die 53. Maschine mit der Bezeichnung WA-40A hatte ein gepfeiltes Leitwerk und andere Verfeinerungen, die bei späteren Flugzeugen als Standard eingeführt wurden. Insgesamt 180 WA-40 wurden gebaut. Alle Maschinen waren 4/5-Sitzer mit dem 180 PS Lycoming O-360-A1A Motor. Die WA-4/21 ist gleich, jedoch mit dem 250 PS Lycoming IO-540 ausgerüstet. Ebenfalls gleich ist außer ihrem 180 PS Lycoming O-360-A2A Motor, dem festen Fahrwerk und vereinfachten Systemen die WA-41 Baladou. Alle diese Muster haben Holzflügel und -Leitwerk sowie einen stoffbespannten

Stahlrohrrumpf. Sie wurden von der ganz aus Kunststoff hergestellten WA-51/54 Baureihe und dem Ganzmetallflugzeug CERVA CE.43 Guépard abgelöst.

Wassmer WA-51 Pacific, WA-52 Europa und WA-54 Atlantic — Frankreich

Photo: WA-52
Daten: WA-54
Spannweite: 9,40 m
Länge: 7,30 m
Fluggewicht: 1110 kg
normale Reisegeschwindigkeit: 260 km/h
max. Reichweite: 1400 km

Im Jahre 1962 begann Wassmer die Entwicklung eines viersitzigen, ganz aus Kunststoff hergestellten Leichtflugzeugs, zu der auch die Société du Verre Hilfestellung leistete. Größere Bauteile für die Zelle wurden mit Fiberglas laminiert, das entweder mit Fasern oder einer Doppelschicht aus Folie mit Wellenprofil verstärkt war. Der daraus resultierende WA-50 Prototyp flog zum ersten Mal am 22. März 1966 und erwies sich als so erfolgreich, daß Wassmer sich entschloß, die weiter verfeinerte WA-51 Pacific in die Serienfertigung zu geben. Es ist ein 4-Sitzer von im allgemeinen gleicher Konstruktion, mit einem 150 PS Lycoming O-320-E2A Motor. Der Erstflug der WA-51 fand am 17. Mai 1969 statt, und Auslieferungen von Serienflugzeugen setzten im folgenden Jahr ein. Die WA-52 Europa ist gleich, hat jedoch einen 160 PS Motor und zusätzlichen Kraftstoff. Die weiter verfeinerte WA-54 Atlantic (mit 180 PS Lycoming O-360 Motor) ging im Juni 1973 in die Produktion. Das 100. Flugzeug dieser Baureihe wurde im Dezember 1973 ausgeliefert.

Jakowlew Jak-18 — UdSSR

Die Jak-18 war mehr als 20 Jahre lang das Standard-Anfänger-Schulflugzeug der sowjetischen Luftstreitkräfte sowie ihrer Verbündeten und Freunde. Sie ist noch immer Standardausrüstung

Photo und Daten:
Yak-18 PM
Spannweite: 10,60 m
Länge: 8,35 m
Fluggewicht: 1100 kg
Reisegeschwindigkeit:
285 km/h
max. Reichweite: 400 km

der sowjetischen und osteuropäischen Fliegerclubs. Die ursprüngliche Jak-18 war ein Tandem-Zweisitzer mit einziehbarem Spornradfahrwerk und einem 160 PS M-11FR Motor. Die Umstellung zum Dreibeinfahrgestell erfolgte bei der Jak-18U. Die Jak-18A ist eine bereinigte Weiterentwicklung der 18U mit einem 260 PS AI-14R und später dem 300 PS AI-14RF Motor. Die Yak-18P ist eine einsitzige Version der 18A für Fortgeschrittenen-Schulung einschließlich Kunstflug. Die Jak-18PM hat die gleichen Abmessungen mit AI-14RF Motor, verringerter V-Stellung und weiter zurückgesetzten Cockpit. Die Jak-18PS unterscheidet sich von der -18PM nur dadurch, daß sie ein Spornrad-Fahrwerk besitzt. Eine 4sitzige Kabinenversion mit der Bezeichnung Jak-18T wurde auf der Pariser Luftfahrtschau von 1967 gezeigt und soll als Schul-, Sanitäts-, Reise- und Landwirtschafts-Version für die Aeroflot in die Massenfertigung gehen.

Zlin Trener Reihe **CSSR**

Photo und Daten:
Z.226 Trener-6
Spannweite: 10,29 m
Länge: 7,80 m
Fluggewicht: 820 kg
Reichweite: 485 km bei
195 km/h

Nach dem Kriege wurde von der tschechischen Luftwaffe und den Flugschulen dringend ein neues zweisitziges Anfänger-Schulflugzeug benötigt. Nach einer Vergleichsuntersuchung mit der Praga E-112 kam die ganz aus Holz erstellte Zlin Z.26 Trener mit 105 PS Walter Minor 4-III Motor in die Massenproduktion. Sie wurde im

Jahre 1953 von der ganz in Metallbauweise hergestellten, jedoch sonst gleichen Z.126 Trener 2 abgelöst, und später durch die Z.226 mit 160 PS Minor 6-III Motor, die in folgenden drei Versionen gebaut wurde: das Schleppflugzeug Z.226B Bohatyr, das Schulflugzeug Z.226T Trener-6 und das einsitzige Spezialflugzeug Z.226A Akrobat.

Zlin Trener-Master Reihe — CSSR

Photo: Z.526AFS
Daten: Z. 526L
Spannweite: 10,60 m
Länge: 7,65 m
Fluggewicht: 975 kg
Reisegeschwindigkeit: 215 km/h
max. Reichweite: 420–740 km

Die zuerst im Jahre 1957 geflogene Z.326 Trener-Master brachte ein einziehbares Fahrwerk und andere Verfeinerungen, darunter eine leichte Vergrößerung der Spannweite. Die Z.526 unterschied sich durch ihren Propeller mit gleichbleibender Drehzahl und dem Hauptpilotensitz auf der Rück- statt der Vorderseite des Tandem-Cockpits. Die Z.326A Akrobat und Z.526A Akrobat waren einsitzige Kunstflugversionen. Spätere Serienmuster sind die Z.526F mit 180 PS Avia M 137A Motor anstelle des früheren Minor 6-III; die Z.526AFS Akrobat mit nur einem Sitz, Doppelquerruder anstelle von Klappen, kürzerem Rumpf und einer Spannweite von nur 8,84 m; die Z.526L mit 200 PS Lycoming AIO-360-BIB Motor, doch sonst der Z.526F entsprechend; und die Z.726F, ein vollkunstflugtauglicher Zweisitzer, im allgemeinen der Z.526F gleich.

Zlin 42 und 43 — CSSR

Diese Flugzeuge sind die ersten einer neuen Reihe von Sport- und Reisemaschinen, die von den staatlichen Zlin Moravan Flugzeugwerken in Otrokovice hergestellt werden. Der Zlin 42 Proto-

Photo: Zlin 43 (Vordergrund) und Zlin 42
Daten: Zlin 42
Spannweite: 9,11 m
Länge: 7,07 m
Fluggewicht: 970 kg
Reisegeschwindigkeit: 200 km/h
max. Reichweite: 600–1100 km (mit/ohne Flügeltanks)

typ flog am 17. Oktober 1967 und bis Anfang 1973 sind 70 Serienflugzeuge fertiggestellt worden. Alle sind 2-Sitzer mit 180 PS Avia M 137A Motor; es werden jedoch auch andere Triebwerke angeboten, darunter Lycoming-Motoren ähnlicher Leistung. Bei der 4sitzigen Zlin 43 sind 80 % der Zellenbauteile mit denen der 42 identisch. Die grundlegenden Unterschiede sind eine vergrößerte Kabine, die Spannweite von 9,76 m und die Verwendung eines 210 PS Avia M337 Motors.

Teil 4

Größere Hubschrauber-baumuster privater Halter

Aérospatiale SA 318C Alouette II — Frankreich

Rotor-Durchmesser: 10,20 m
Rumpf-Länge: 9,75 m
Fluggewicht: 1650 kg
Reisegeschwindigkeit: 180 km/h
Reichweite: 300–720 km

Die Alouette II (ursprünglich als die SE 3130 und dann die SE 313B) mit einem Artouste Triebwerk war die erste Serien-Variante der bekannten Alouette-Baureihe, die bei den Sud-Est-Werken entstand. Ihr folgte die SA 318C Version mit einem Turboméca Astazou IIA von 530 Wellen-PS. Die Produktion der SE 313B kam auf insgesamt 923 Stück und über 350 Exemplare des Musters SA 318C wurden gebaut. Die SA 315B Lama ist gleich, hat jedoch dynamische Bauteile der Alouette III mit einer Artouste IIIB. Dieser Hubschrauber wird auch von HAL in Indien als die Cheetah gebaut.

Aérospatiale SA 316B Alouette III — Frankreich

Rotor-Durchmesser: 11,02 m
Rumpf-Länge: 10,03 m
Fluggewicht: 2200 kg
Reisegeschwindigkeit: 185 km/h
Reichweite: 480–540 km

Die Alouette III ist eine vergrößerte und verbesserte Version der Alouette II, der Prototyp machte am 28. Februar 1959 seinen Erstflug. In ihrer SA 316B Version (techn. Daten angegeben) wird die Alouette III von einer Artouste IIIB mit einer verminderten Leistung von 570 Wellen-PS angetrieben; eine weitere Entwicklung ist die SA 319, die eine Astazou XIV Turbine von 870 Wellen-PS besitzt, die auf 600 Wellen-PS herabgesetzt wurde. Die Alouette III wird in Lizenz in Indien, Rumänien und der Schweiz produziert und etwa 1100 Stück sind in Frankreich gebaut worden.

Aérospatiale / Westland SA 330 Puma

Frankreich/Großbritannien

Rotor-Durchmesser: 15,00 m
Rumpf-Länge: 14,06 m
Fluggewicht: 6700 kg
Reisegeschwindigkeit: 260 km/h
Reichweite: 620 km

Die Puma wurde als mittlerer Hubschrauber für militärische Aufgaben entwickelt und ist in dieser Form bei der französischen Armee, der RAF, der SAAF und verschiedenen anderen Luftstreitkräften im Einsatz. Zwei zivile Versionen sind ebenfalls zugelassen — die SA 330F mit Turboméca Turmo IVA Triebwerken von 1435 Wellen-PS und die SA 330G mit Turmo IVC von 1580 Wellen-PS, welche diesem Hubschrauber bessere Höheneigenschaften sowie eine bessere Flugleistung mit nur einem Triebwerk verleihen.

Aérospatiale Westland SA341 Gazelle

Frankreich/Großbritannien

Rotor-Durchmesser 10,50 m
Rumpf-Länge: 11,97 m
Fluggewicht: 1800 kg
Reisegeschwindigkeit: 265 km/h
Reichweite: 360–670 km

Als einer von den drei Hubschraubern des gemeinsamen anglofranzösischen Produktions-Programms, das im Jahre 1967 begonnen wurde, ist die Gazelle ganz französischen Ursprungs und sowohl in militärischer als auch ziviler Gestalt in der Produktion. Die wichtigsten zivilen Versionen haben die Musterbezeichnung SA341G und die Turboméca Astazou IIIA mit 590 Wellen-PS als Antrieb. Auslieferungen vom Endmontageband der Firma Westland an Halter in Großbritannien begannen im Jahre 1973.

Bell (und Agusta-Bell) Muster 47 — USA (und Italien)

Photo: Muster 47G-4A
Daten: Muster 47G-3B-A2A
Rotor-Durchmesser: 11,32 m
Rumpf-Länge: 9,63 m
Fluggewicht: 1338 kg
Reisegeschwindigkeit: 135 km/h
Reichweite: 400 km

Ursprünglich von Bell am 8. März 1946 zugelassen, blieb das Muster 47 bei der Mutter-Firma bis 1974 ununterbrochen in der Serienfertigung, die letzten Serienmuster sind die 47G-3B-2A mit dem 280 PS Lycoming TVO-435-FIA Motor und die 47G-5A mit einem VO-435-B1A. Viele hundert Exemplare werden noch auf der ganzen Welt geflogen, dazu kommen die in Lizenz von Agusta in Italien gebauten Maschinen. In Japan baut Kawasaki eine 4sitzige Version mit der Bezeichnung KH-4.

Bell (und Agusta-Bell) Muster 204 und 205 — USA (und Italien)

Photo: Muster 204B
Daten: Muster 205A
Rotor-Durchmesser: 14,63 m
Rumpf-Länge: 12,65 m
Fluggewicht: 4310 kg
Reisegeschwindigkeit: 205 km/h
Reichweite: 500–550 km

Obwohl der zahlenmäßig größere Teil aller 204 und 205 Muster, die von Bell, von Agusta in Italien, von Fuji in Japan und den national-chinesischen Flugzeugwerken in Taiwan gebaut werden, militärische Muster sind, wird eine beträchtliche Anzahl als Zivilmaschinen verwendet. Dem kleineren Muster 204 folgte das 15sitzige Muster 205A-1 mit dem Lycoming T5315A Triebwerk (1400 Wellen-PS). Noch leistungsstärker ist das Muster 214B mit einem Lycoming LTCAB-8B von 2930 Wellen-PS und einem Fluggewicht von 5625 kg.

Bell (und Agusta-Bell) Muster 212 USA (und Italien)

Rotor-Durchmesser: 14,69 m
Rumpf-Länge: 12,92 m
Fluggewicht: 5080 kg
Höchstgeschwindigkeit: 205 km/h
Reichweite: 440 km.

Das Muster 212 ist eine Weiterentwicklung des Musters 205 (oben), von dem es sich hauptsächlich durch die Pratt & Whitney (UACL) PT6T-3 Twin-pac (Zweiwellenturbine von 1800 Wellen-PS) unterscheidet. Eine zivile Variante des ersten militärischen Musters wurde 1970 als Twin Two-Twelve zugelassen, die jetzt in vielen Teilen der Welt im zivilen Einsatz ist.

Bell (und Agusta-Bell) Muster 206B USA (und Italien) Jet Ranger

Photo:
Muster 206L Long Ranger
Muster 206B JetRanger
Daten:
Rotor-Durchmesser: 10,16 m
Rumpf-Länge: 9,50 m
Fluggewicht: 1451 kg
Reisegeschwindigkeit: 220 km/h
Reichweite: 555–625 km

Wie die meisten anderen Bell-Hubschrauber entstand die Jet Ranger aufgrund militärischer Forderungen, und das zivile Muster ist das Gegenstück zu der OH-C18A, die von der US-Army verwendet wird. Antrieb durch eine Allison 250-C18A von 317 Wellen-PS; der 206A folgte die 206 B mit einer Allison 250-C20 von 400 Wellen-PS und anderen Verbesserungen. Die Jet Ranger wird auch von Agusta in Italien gebaut.

Boeing Vertol (und Kawasaki) 107 USA (und Japan)

Rotor-Durchmesser: 15,24 m
Rumpf-Länge: 13,59 m
Fluggewicht: 8618 kg
Reisegeschwindigkeit: 255 km/h
Reichweite: 360–1100 km

Dieser auffällige Hubschrauber war ursprünglich eine Piasecki Konstruktion, bevor das Piasecki Werk von Boeing erworben wurde. Der größte Teil der Produktion war für militärische Verwendung, jedoch kamen einige Exemplare in den USA in den Liniendienst, und andere wurden in Japan und Thailand von zivilen Haltern geflogen. Seit 1965 hat Kawasaki in Japan für diese Konstruktion die alleinige Vertriebsrechte. Die Firma baut diesen Hubschrauber in Lizenz als die KV-107 mit zwei General Electric CT58-140-1 Triebwerken von 1400 Wellen-PS.

Brantly B2 und 305 USA

Photo: B-2B
Daten: B-2E
Rotor-Durchmesser: 7,24 m
Rumpf-Länge: 6,62 m
Fluggewicht: 757 kg
Reisegeschwindigkeit: 145 km/h
Reichweite: 400 km

Die ursprüngliche B-2 wurde von N. O. Brantly, einem der ersten Nachkriegspioniere für Drehflügler in den USA konstruiert, und sie wurde von seiner Firma in der Zeit vor ihrer Erwerbung durch Gates Learjet produziert. Die Fertigungsrechte gingen später an die Brantly Operators Inc über, die erwartete, die Fertigung der viersitzigen B-2E mit 180 PS Lycoming IVO-360-AIA Motor im Jahre 1974 wieder aufzunehmen. Etwa 400 B-2 wurden gebaut, und etwa 50 der größeren, aber ähnlichen viersitzigen Muster 305.

Enstrom F-28 USA

Rotor-Durchmesser: 9,75 m
Rumpf-Länge: 8,99 m
Fluggewicht: 975 kg
Reisegeschwindigkeit: 160 km/h
Reichweite: 380 km

Der erste Enstrom-Hubschrauber flog im Jahre 1960, ihm folgte im Jahre 1962 der F-28 Prototyp. Ein kleines Fertigungslos wurde gebaut, und mehr als 100 F-28A sind auch bis 1973 hergestellt worden. Letztere als dreisitzige Versionen mit 205 PS Lycoming HIO-360-C1I Motor. Eine Version mit aufgeladenem Motor und mehr Kraftstoff ist als Muster 280 Shark in der Entwicklung.

Hiller UH-12 USA

Photo: Muster UH-12B
Daten: für 12E
Rotor-Durchmesser: 10,80 m
Rumpf-Länge: 8,69 m
Fluggewicht: 1270 kg
Reisegeschwindigkeit: 155 km/h
Reichweite: 800 km

Etwa 2000 Exemplare der UH-12 Familie wurden gebaut. Sie sind von der ursprünglichen Konstruktion Stanley Hillers jr. abgeleitet, und eine beträchtliche Anzahl von ihnen sind im zivilen Einsatz in verschiedenen Teilen der Welt geblieben. Die Varianten unter der Bezeichnung UH-12 und Muster 360 unterscheiden sich erheblich im Aussehen und den technischen Merkmalen, sie haben 3 oder 4 Sitze. Die angegebenen Daten sind für das Muster 12E mit einem 305 PS Lycoming VO-540-B1D Motor.

Hughes Muster 300 USA

Daten: für die 300C
Rotor-Durchmesser: 8,18 m
Rumpf-Länge: 9,42 m
Fluggewicht: 861 kg
Reisegeschwindigkeit: 160 km/h
Reichweite: 375 km

Die dreisitzige Hughes Muster 300 (ursprünglich als 269B zugelassen) ist eine weiterentwickelte Version des zweisitzigen leichten Hubschrauber-Musters 269. Das Grundmuster 300 hat einen 180 PS Lycoming HIO-360-AIA, während die späteren 300C (oder 269C) einen 190 PS HIO-360DIA und einen größeren Rotor-Durchmesser sowie weitere kleinere Änderungen haben. Einige hundert Muster 300 sind gebaut worden.

Hughes Muster 500 USA

Rotor-Durchmesser: 8,03 m
Länge: 7,01 m
Fluggewicht: 1157–1360 kg
Normale Reisegeschwindigkeit: 215 km/h
max. Reichweite: 600 km

Das Muster 500 ist das zivile Gegenstück zur militärischen OH-6A Cayuse, von der mehr als 1400 Stück an die US-Army ausgeliefert wurden. Ihre 317 Wellen-PS Allison 250-C18A Turbine ist auf eine Leistung von nur 278 Wellen-PS heruntergesetzt, verglichen damit hat die militärische Version 253 Wellen-PS. Zuladung ist normalerweise ein Pilot und vier Passagiere oder entsprechende Fracht, es können jedoch bis zu sieben Personen befördert werden. Das Muster 50CO unterscheidet sich dadurch, daß es eine Turbine von 400 Wellen-PS für Flugbetrieb an heißen Tagen und in großen Höhen besitzt. Die Hubschrauber Muster 500, welche von Kawasaki in Japan montiert werden, heißen Muster 369HS.

Kamow Ka-26 UdSSR

Rotor-Durchmesser: 13,00 m
Länge: 7,75 m
Fluggewicht: 3250 kg
Reisegeschwindigkeit: 90–150 km/h
max. Reichweite: 1200 km mit Zusatztanks

Die erstmals 1965 geflogene Ka-26 ist ein Standard-Mehrzweck-Hubschrauber in der Sowjetunion und anderen osteuropäischen Ländern. Durch Ummantelung der beiden 325 PS Wedenejew M-14V-26 Sternmotoren und deren Befestigung auf zwei kurzen Flügelstummeln wurde es möglich, den gesamten Rumpf hinter den beiden Sitzen des Flugdecks abnehmbar zu machen. Im Standardrumpf können sechs Passagiere oder entsprechende Fracht untergebracht werden. Ohne die Rumpfkabine kann der Hubschrauber als fliegender Kran verwendet werden; oder der Raum unter dem Rotor kann von einem Behälter für eine Tonne landwirtschaftliche Chemikalien eingenommen werden, oder er bildet eine Plattform für eine Fracht mit dem gleichen Gewicht. Vermessungsversionen mit in die Passagierkabine eingebauten Kameras oder mit einer ringförmigen Antenne um den Hubschrauber und einem geschleppten Empfänger »Vogel« für geologische Suchaufgaben stehen ebenfalls zur Verfügung. Andere potentielle Anwendungen der Ka-26 sind das Ausmachen von Fischschwärmen, Forstschutz, Feuerbekämpfung und Sanitätsaufgaben.

MBB BO 105 und 106 Deutschland

Die unter Vertrag mit der deutschen Bundesregierung entwickelte BO 105 flog ursprünglich mit zwei Wellenturbinen vom Typ Allison 250-C18 und einem konventionellen Rotor. Der zweite und dritte Prototyp folgte im Jahre 1967 mit Allison bzw. MAN-Turbo 6022 Triebwerken, die einen besonders entwickelten steifen, mehr-

Photo und Daten: BO 105
Rotor-Durchmesser: 9,82 m
Länge: 8,55 m
Fluggewicht: 2300 kg
max. Reisegeschwindigkeit: 230 km/h
max. Reichweite: 1060 km mit Zusatztanks

teiligen Rotor mit Verstelleinrichtungen und beiklappbaren Rotorblättern aus GFK antreiben. Dieser Rotor ist bei Serien BO 105 Standard, die entweder ein 317 Wellen-PS Allison 250-C18 oder ein 400 Wellen-PS 250-C20 Triebwerk haben können. Die Zuladung (zusätzlich zum Piloten) kann vier bis fünf Passagiere, zwei Patienten auf Tragbahren oder durch die muschelförmigen hinteren Türen eingeladene Fracht umfassen. Insgesamt wurden mehr als 100 Exemplare bis Februar 1974 gebaut, und MBB erprobte zu diesem Zeitpunkt eine BO 106 Version mit breiterer Kabine und Platz für bis zu sieben Personen.

Mil Mi-1 / UdSSR und WSK-Swidnik SM-1 Polen

Photo: SM-1, Sanitätsmuster
Rotor-Durchmesser: 14,00 m
Länge: 12,10 m
Fluggewicht: 2250 kg
Höchstgeschwindigkeit: 190 km/h
max. Reichweite: 340 km

Die viersitzige Mi-1 flog zum ersten Mal im September 1948, und sie wurde zwei Jahre später der erste in der Sowjetunion serienmäßig hergestellte Hubschrauber. Es wurden sowohl militärische als auch zivile Versionen gebaut. Zu den Varianten gehören die dreisitzige Mi-1T und der Mehrzweck-Hubschrauber Mi-1NKh mit Beschlägen für zwei Tragbahren-Container, außenliegende Kraftstofftanks oder Behälter für landwirtschaftliche Chemikalien auf jeder Kabinenseite. Die Produktion wurde im Jahre 1955 von WSK-Swidnik in Polen übernommen, und sehr große Stückzahlen wurden unter der polnischen Bezeichnung SM-1 gebaut. Diese Hubschrauber hatten alle einen 575 PS Iwtschenko AI-26V Kolben-Motor und wurden in Polen als LiT-3 bekannt.

Mil Mi-4 UdSSR

Rotor-Durchmesser: 21,00 m
Länge: 16,80 m
Fluggewicht: 7800 kg
wirtschaftliche Reisegeschwindigkeit: 160 km/h
Reichweite: 400 km mit 8 Passagieren

Als zweiter in Großserie produzierter sowjetischer Hubschrauber ist die Mi-4 das Gegenstück von Mil zu der Sikorsky Hubschraubergeneration S-55/S-58. Einige tausend Maschinen wurden für militärische und zivile Verwendung gebaut, alle von einem 1700 PS Schwetzow ASch-82V Kolbenmotor angetrieben. Standard Aeroflot Version ist die für 8/11 Passagiere vorgesehene Mi-4P, die auch acht Tragbahren und einen begleitenden Sanitäter befördern kann. Die Mi-4S Landwirtschaftsversion besitzt einen Behälter für eine Tonne Chemikalien. Der Frachthubschrauber Mi-4 hat muschelförmige hintere Ladetüren. Alle Versionen wurden verbreitet exportiert.

Mil Mi-6 UdSSR

Als die Mi-6 im Jahre 1957 der Öffentlichkeit vorgestellt wurde, war sie der größte Hubschrauber der Welt, der mit Turbinenantrieb in Rußland in Produktion ging. Sie wird von zwei Wellenturbinen des Typs Solowjew D-25V (5500 Wellen-PS) angetrieben und ist normalerweise als Frachter ausgerüstet, der von der Rückseite aus beladen wird. Zwei kleine Flügel entlasten den Rotor während des Fluges. Diese Flügel werden gewöhnlich entfernt, wenn die Mi-6 als fliegender Kran verwendet wird. Der Standard Frachter hat entlang den Kabinenwänden angeordnete Klappsitze. Diese können durch Sitze in der Kabinenmitte zur

Rotor-Durchmesser: 35,00 m
Länge: 33,18 m
Fluggewicht: 42500 kg
max. Reisegeschwindigkeit: 250 km/h
typische Reichweite: 650 km mit 6000 kg Zuladung

Beförderung von insgesamt 65 Passagieren mit Gepäck ergänzt werden. 41 Tragbahren und zwei Begleiter bilden die größte Zuladung der Sanitätsversion. Es wurden Feuerbekämpfungs-Umbauten hergestellt, darunter ein Wasserbomber, der in der Lage ist, einige Tonnen Wasser auf Waldbrände auszukippen.

Mil Mi-8 — UdSSR

Rotor-Durchmesser: 21,29 m
Länge: 18,31 m
Fluggewicht: 12000 kg
max. Reisegeschwindigkeit 180–225 km/h
Reihweite: 425–480 km mit Reserven

Der ursprüngliche Prototyp dieses Hubschraubers für 28/32 Passagiere hatte einen einzelnen Antrieb (Solowjew Turbine mit 2700 Wellen-PS). Die zweite Mi-8 wurde auf zwei 1500 Wellen-PS Isotow TV2-117A umgestellt, mit denen er am 17. September 1962 seinen Erstflug machte, und dieses Triebwerk ist bei den Serienversionen Standard geworden. Zu den Varianten gehören eine VIP Version mit einer achtsitzigen Couch, drei Sesseln und Tischen; eine Sanitätsversion für zwölf Tragbahren; und ein Frachter mit 24 Klappsitzen entlang den Kabinenwänden und auf Wunsch einen Bügel für Außenlasten. Standard Mi-8 werden für Beobachtungsflüge zur Eis-Überwachung, für Rettungsflüge sowie Transportaufgaben zur Unterstützung der russischen Vostok Station in der Antarktis in der Nähe des Südpols verwendet.

Mil Mi-10 und Mi-10K — UdSSR

Photo und Daten: Mi-10K
Rotor-Durchmesser: 35,00 m
Länge: 32,86 m
Fluggewicht: 38000 kg
max. Reisegeschwindigkeit: 200–250 km/h
Überführungsreichweite: 795 km mit Zusatzkraftstoff

Die 1961 in Tuschino erstmals ausgestellte ursprüngliche Mi-10 (fliegender Kran) war mit der Mi-6 oberhalb der Kabinenfenster beinahe identisch; jedoch wurde die Kabinentiefe beträchtlich reduziert, und der Leitwerksträger verbreitert, um eine kontinuierliche untere Rumpffläche zu erhalten. Die mit einem stelzenförmigen vierrädrigem Fahrwerk ausgestattete Maschine kann Lasten von der Größe eines Fertighauses oder eines Autobusses auf einer offenen Frachtplattform zwischen den Fahrgestellbeinen befördern, dazu 28 Passagiere oder Fracht innerhalb der Kabine. Die Mi-10K (beschrieben und abgebildet) ist im allgemeinen gleich außer ihrem kürzeren Fahrwerk und einer Bodenwanne unter dem Rumpfbug, von der aus ein zweiter Pilot nach rückwärts schauend den Hubschrauber im Schwebeflug steuern und die Beladung überwachen kann. Die größte Außenlast mit den gegenwärtigen D-25V Triebwerken beträgt 11 000 kg.

Sikorsky S-58 und S-58T und Westland Wessex — USA Großbritannien

Sikorsky baute zwischen 1954 und Januar 1970 insgesamt 1821 Hubschrauber der S-58 Grundkonstruktion. Die meisten waren für militärische Abnehmer, jedoch wurden zivile S-58 für 16/18 Passagiere auch für planmäßige Flüge in den USA und andererorts verwendet. Diese Maschinen wurden von einem 1525 PS Wright R-1820-84 Kolbenmotor angetrieben. In England produzierte Westland sowohl einmotorige als auch von zwei Wellenturbinen angetriebene Versionen unter der Bezeichnung »Wessex«. Einige davon sind weiter bei zivilen Haltern im Einsatz,

Photo und Daten: S-58T
Rotor-Durchmesser: 17,07 m
Länge: 14,40 m
Fluggewicht: 5698 kg
normale Reisegeschwindigkeit: 205 km/h
Reichweite: 480 km mit Reserven

besonders zu erwähnen Bristow, deren Wessex 60 Flotte jeweils von zwei Rolls-Royce Gnome Wellenturbinen mit insgesamt 1550 Wellen-PS angetrieben wird. Sikorsky produziert gegenwärtig einen ähnlichen Umbau unter der Bezeichnung S-58T (technische Daten oben), mit einem United Aircraft of Canada PT6T-3 Twin Pac Triebwerk von 1800 Wellen-PS und mit 10/16 Sitzen.

Sikorsky S-61 USA

Photo und Daten: S-61N Mark II
Rotor-Durchmesser: 18,90 m
Länge: 18,08 m
Fluggewicht: 8620 kg
normale Reisegeschwindigkeit: 220 km/h
max. Reichweite: 833 km mit Reserven

Die S-61N ist eine zivile Entwicklung der militärischen Sea King für 30 Passagiere mit einem verlängerten Rumpf und weiteren Änderungen, jedoch sind die Amphibien-Eigenschaften beibehalten. Die S-61L unterscheidet sich davon, daß sie nur für Flugeinsätze von Land aus geeignet ist. Beide Muster wurden ursprünglich durch zwei Wellenturbinen vom Typ General Electric CT58-110 (1350 Wellen-PS) angetrieben, aber in den derzeitigen Mark II Mustern sind CT58-140-2 mit 1500 Wellen-PS Standard. Die erste S-61L flog am 6. Dezember 1960 und ging in Dienst bei Los Angeles Airways, welche schließlich 7 Stück kaufte. Anfang

1974 war die Gesamtzahl der Bestellungen 62 Maschinen. Zu den anderen Haltern der S-61L gehören die New York Airways. S-61N wurden von All Nippon Airways, Ansett-ANA, British Airways Hilicopters, Bristow, Elivie, Greenlandair, JAL,KLM, Nitto Airways und San Francisco & Oakland Helicopter Airlines gekauft.

Sikorsky S-62 USA

Rotor-Durchmesser: 16,16 m
Länge: 13,58 m
Fluggewicht: 3580–3630 kg
max. Reisegeschwindigkeit: 150 km/h
max. Reichweite: 745 km

Der erste Amphibien-Hubschrauber von Sikorsky, die S-62, übernahm die dynamischen Bauteile und größeren Systeme der früheren kolbenmotorgetriebenen S-55. Bei der Umstellung auf die General Electric CT58-110-1 Turbine von 1250 Wellen-PS, deren Leistung auf 730 Wellen-PS herabgesetzt wurde, reduzierte sich das Triebwerksgewicht beträchtlich, was den Einbau einer größeren Kabine für zehn Linienpassagiere und Gepäck ermöglichte. Der S-62A Prototyp flog am 14. Mai 1958. Die S-62B ist gleich, besitzt jedoch einen S-58 Hauptrotor mit verringertem Durchmesser (wie beim Muster S-55). Die S-62C ist ein ziviles Gegenstück zu der HH-52A der US-Marine für Such- und Rettungsaufgaben. Etwa 50 Maschinen des Musters S-62 wurden an zivile Kunden ausgeliefert.

Sikorsky S-64 Skycrane USA

Die S-64 war Pionier des Konzepts eines großen turbinengetriebenen fliegenden Kranes, als sie am 9. Mai 1962 ihren Erstflug machte. Serienmuster wurden mit ausgezeichnetem Erfolg in Vietnam unter der US-Army Bezeichnung CH-54A eingesetzt; zivile Muster wurden an Halter wie die Rowan Drilling Company, Erickson Air-Crane Company und Evergreen Helicopters für den

Rotor-Durchmesser: 21,95 m
Länge: 21,41 m
Fluggewicht: 19050 kg
max. Reisegeschwindigkeit: 170 km/h
max. Reichweite: 370 km mit Reserven

Transport schwerer Teile bei der Erdöl-Prospektion, beim Holzfällen, beim Bau von Überlandleitungen, in der Schiffahrt und im Industriebau geliefert. Von zwei 4500 Wellen-PS Pratt & Whitney JFTD12-4A Turbinen angetrieben, kann die derzeitige S-64F Lasten bis zu 11 340 kg heben, die an Befestigungspunkten unter ihrer schlanken »Rückgrat«-Struktur aufgehängt sind oder in schnell auswechselbaren Containern oder Verkleidungen. Ein nach rückwärts blickendes Abteil in der Führerkabine ermöglicht es einem der Piloten, den Hubschrauber von dort während des Be- und Entladens zu überwachen.

Silvercraft SH-4 — Italien

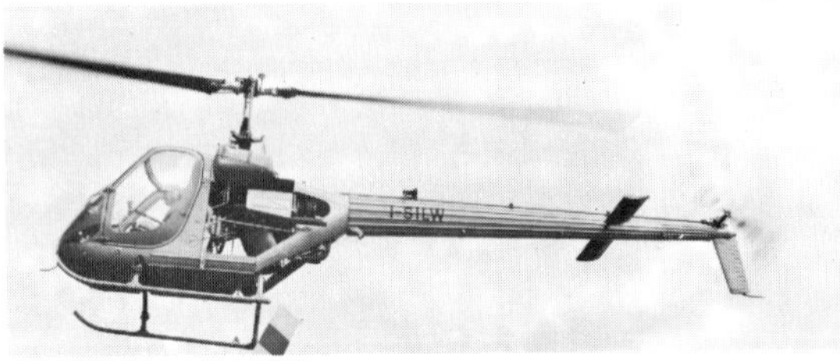

Rotor-Durchmesser: 9,03 m
Länge: 7,65 m
Fluggewicht: 862 kg
Reisegeschwindigkeit: 115–130 km/h
max. Reichweite: 320 km

Die Silvercraft SpA flog den Prototyp ihres ursprünglichen Musters XY eines leichten Vielzweck-Hubschraubers im Oktober 1963. Mit Hilfe von SIAI-Marchetti wurde er in die dreisitzige SH-4 weiterentwickelt, die zum ersten Mal im März 1965 flog, und der fünf Vorserien-Exemplare bis Ende 1967 folgten. Zur Erweiterung des Marktangebotes konstruierte Silvercraft dann eine Sanitätsversion mit Vorkehrung zur Befestigung eines Korbes für den Transport einer verpackten Tragbahre an der linken Außenseite der Kabine. Ein Demonstrationsmuster der Landwirtschaftsversion SH-4A mit 10,0 m langen Sprühstangen und Tanks für 200 kg

Chemikalien folgte. Ein erstes Fertigungslos von 50 Serien SH-4 jeweils von einem 235 PS (auf 170 PS heruntergesetzt) Franklin 6A-350-D1B Kolbenmotor wurde festgelegt. Alle Maschinen wurden von bestehenden Aufträgen abgedeckt, und eine Produktionszahl von 200 weiteren Hubschraubern wurde geplant.

WSK-Swidnik Mi-2 — Polen

Rotor-Durchmesser: 14,50 m
Länge: 11,40 m
Fluggewicht: 3550 kg
Reisegeschwindigkeit: 190–200 km/h
Reichweite: 170–580 km mit Reserven.

Die Mi-2 wurde in der Sowjetunion von Michail Mil's Büro als ein turbinengetriebener Ersatz für die Mi-1 mit denselben Außenabmessungen entworfen. Bei der Umstellung auf die Leichttriebwerke der zwei 437 Wellen-PS Isotow GTD-350 Turbinen, welche oberhalb der Kabine angebracht wurden, ergab sich die Möglichkeit, bis zu acht Passagiere und ihr Gepäck unterzubringen oder 700 kg Fracht (für Grundversionen). Andere Versionen wurden zur Beförderung von vier Tragbahren und einem Begleiter konstruiert, sowie für Landwirtschafts-, Such- und Rettungsaufgaben, Piloten-Schulung und Einsätze als fliegender Kran mit unten hängender Außenlast. Nachdem der Prototyp fertiggestellt war, und die Entwicklungsflüge in der Sowjetunion beendet wurden, übernahm die WSK-Swidnik Organisation in Polen die Weiterentwicklung und Produktion in Nachfolge der früheren Fertigung der Mi-1/SM-1. Viele hundert Hubschrauber sind sowohl für militärische als auch zivile Verwendung gebaut worden.

Quellenverzeichnis der Abbildungen

Air & General Photos: 7
Air Portraits: 11
Dr Alan Beaumont: 7
Harold Best-Devereux: 1
Peter J. Bish: 7
John Blake: 3
William H. Blunt: 1
H. A. Brainwood: 1
Austin J. Brown: 3
Liam Byrne: 3
R. W. Cranham: 3
Nicholas Denbow: 1
Don Downie: 2
Paul Duffy: 3
Foto Hunter: 4
M. Fricke: 5
D. E. Gilpin: 1
J. M. G. Gradidge: 10
H. R. Harrison: 2
D. J. Holford: 1
M. J. Hooks: 1
Denis Hughes: 2
G. P. Jones: 1
B.S.P. Keevill: 3
Howard Levy: 4
Peter R. March: 12
T. Matsuzaki: 1
Lorna Minton: 1
A. J. Murphy: 1
Novosti: 3
Ronaldo S. Olive: 5
Lewis G. Pain: 1
S. P. Peltz: 4
Alex Reinhard: 1
S. G. Richards: 3
B. M. Service: 13
R. W. Simpson: 1
K. E. Sissons: 1
M. G. Sweet: 5
Tass: 2
Norman E. Taylor: 4
W. Tyrie: 1
John Wegg: 3
Mick West: 3
Rolf H. Wild: 1
Gordon S. Williams: 1
G. Wragg: 3